U0272430

竹鼠驯化饲养与疾病防治

邓发清 吴昌禧 主编

中国农业科学技术
出版社

图书在版编目（CIP）数据

竹鼠驯化饲养与疾病防治/邓发清，吴昌禧主编. —北京：中国农业科学技术出版社，2008.5

ISBN 978-7-80233-582-0

Ⅰ.竹… Ⅱ.①邓… ②吴… Ⅲ.①竹鼠科—饲养管理 ②竹鼠科—动物疾病—防治 Ⅳ.S865.2

中国版本图书馆 CIP 数据核字（2008）第 053965 号

责任编辑　沈银书
责任校对　贾晓红　康苗苗

出 版 者　中国农业科学技术出版社
　　　　　北京市中关村南大街 12 号　邮编：100081
电　　话　（010）82109702（发行部）（010）82106650（编辑室）
　　　　　（010）82106629（读者服务部）
传　　真　（010）82106650
网　　址　http://www.castp.cn
经 销 者　各地新华书店
印 刷 者　北京富泰印刷有限责任公司
开　　本　850 mm×1168 mm　1/32
印　　张　2.375
字　　数　60 千字
版　　次　2008 年 5 月第 1 版　2015 年 9 月第 9 次印刷
定　　价　9.00 元

编　委　会

前　言

在党的新农村建设政策指导下，竹鼠驯化养殖发展迅速，不少地方建立了专业养殖户。因为饲养竹鼠与养牛、养猪相比，具有投资少、生长快、生产周期短、饲养方便、饲料成本低和经济效益高的特点。竹鼠全身都是宝。《本草纲目》记载："竹馏，食竹根之鼠，形大如兔。"馏是形容它形体的肥胖，肉有补中益气的功效，荣养宗筋，温肾，滋阴壮阳，固本生津，消肿止痛。现代科技研究也证实竹鼠的脂肪、脑、胸腺、肝脏等是制备一些生物药品的珍贵原料。提取各种生物活性物质或因子，如亚麻酸、胸腺肽、脑磷脂、促肝细胞生长素，用于临床治疗肿瘤、糖尿病、心脑血管疾病、免疫功能低下等取得了一定的效果，已引起国内药物专家高度重视。鼠肉作为肉类食品，更是肥而不腻，鲜美可口，为野味上品。据测定，鼠肉营养价值高、低脂肪、低胆固醇，粗蛋白含量为 57.78%、脂肪为 20.54%、灰分为 17.36%、粗纤维为 0.84%、水分为 3.84%，还富含磷、钙、维生素 E 及氨基酸。由于竹鼠汗腺不发达，其皮毛细软，光泽油润，底绒厚，是制作裘衣的上等原料。须是制作高档毛笔的上好原料，货源紧张，供不应求。正因为如此，目前饲养竹鼠是一新开发的养殖项目，正在蓬勃兴起。

由于竹鼠长期野外穴居、自生自灭，在我国从 20 世纪 90 年代才开始人工驯化饲养，如何饲养和疾病防治给我们带来了新课题。由于饲养管理和疾病防治措施的不健全，往往造成饲养不善和疾病防治不力，造成大批死亡，也严重影响竹鼠业的发展。为此，我们从野生竹鼠的驯化饲养、不同阶段的管理、疾病的诊断与治疗、皮毛加工等方面，查阅了有关研究资料，并结合科研、临床实践的体会，编写了本书。但由于编者水平有限，经验不足，本书一定存在不少错误，尚祈同道和读者不吝指教，提出批评和建议。

本书在编写过程中，得到湖南农业大学动科院付童生、康梦松、黄复深教授，长沙南马农业科技开发公司亚布兰、陈章达、陈精华专家，双牌县竹鼠研究所等的指导和帮助，在此表示谢意。

编者

2008 年 1 月

目　　录

第一章 竹鼠的品种特性及经济开发价值

第一节 品种特性

竹鼠（*Rhizomys Sinensis*），亦称竹狸、芒狸、竹纯、竹馏、竹根鼠、茅根鼠、竹鼬、稚子等。李白诗"林中稚子无人见"即指竹鼠。在动物分类学上，隶属哺乳纲，啮齿目、竹鼠科、竹鼠属，野生分布于南亚及东非一带，在我国主要分布于秦岭以南山坡竹林或芒草丛下，栖息于灌木、竹、乔木、棕叶等混生林中，穴居地下，洞道深约 30～40cm，洞长 3～5m。白天穴居洞内，用疏松泥土堵住洞口，夜间出来觅食，主食竹（细竹、嫩竹），山姜子地下根，芒秆和根，野生数量较少，每平方公里仅 3 只左右。湖南省双牌县畜牧水产局竹鼠研究所自 1990 年初开始人工驯养，并已获得成功。

竹鼠是一种较大的啮齿类动物，在我国现阶段驯养的竹鼠有 3 种。

一、中华竹鼠（*Rhizomys Simesis* Gray）（图 1）

图1 中华竹鼠

1. 别名

灰竹鼠、竹鼠、竹鼬。

2. 外形

成体体长小于 38cm，体重约 1～1.5kg，吻钝圆，眼小，耳壳小隐于毛内，颈短粗，体被厚毛，密而柔软。四肢粗短，具有发达的爪，适于掘土营地下生活。尾短，光裸型，仅被以稀疏短毛。雌性乳式 1－3＝8。

3. 毛色

吻周呈灰白色，耳覆以棕灰色毛，成体背毛棕灰色，毛基灰色，腹毛略浅于背色，近淡棕至污白色泽，直至毛基，背色逐渐转淡而成腹毛色泽，背腹间的毛泽无界限，唯腹面覆毛较为稀疏，足背及尾毛均为棕灰。老年个体背毛呈棕黄色，而年幼者呈灰黑色泽。

4. 头骨

短而粗壮，呈三角形。吻宽而短。鼻骨前宽后窄，后端尖形成等腰三角形，其后缘与前颌骨前缘同处一平面。眶上脊、颞脊及人字脊发达，眶上脊起于眶前缘，向后延伸与颞脊相连，向后延至人字脊处，人字脊处呈截切状。枕骨自后面看成一半圆形，略呈平面状的骨片；侧面看由前向后倾斜，枕髁显著突出，处于头骨的最后端。眶间距较窄，仅为腭长的 23%，颧弓极度外展，粗大。门齿孔极小，听泡低平。听孔呈管状上升，开口于侧枕骨上缘之后的位置。

5. 牙齿

门齿强大、锐利，上门齿与腭骨垂直。上齿列冠面前倾，下齿列冠面则后倾，第一上臼小于其他二臼齿，第二臼齿最大。齿冠面具二外侧及一内侧深凹褶，但磨损后的牙齿凹褶都成孤立的齿环。

中华竹鼠除在我国有分布外，在缅甸的北部也有分布。

二、花白竹鼠（*Rhizomys Pruimosus* Blyth）（图 2）

图 2　花白竹鼠

1. 别名

银星竹鼠、草鼬、竹鼬、粗毛竹鼠、拉氏竹鼠。

2. 外形

较中华竹鼠为大，成体体重一般为 2 ~ 2.5kg，体长 34.1cm，尾长 11.4cm，后足长 5.1cm。体圆筒状，头钝圆，颈粗短，身体肥胖。眼极小，耳壳完全隐于毛被之下。四肢粗短，掌部宽大而扁，爪强锐利。尾长一般超过体长的 1/3，尾基部约 1/5 具稀疏短毛，其余部分均裸露无毛。雌性乳式 1 - 3 = 8，胸部 1 对，腹部 3 对。有的个体胸部有两对，故乳数为 10。

3. 毛色

口鼻部、眼周为灰褐色，额、颏及整个背面均为褐灰色，毛基灰色，背毛具有许多带白色的针毛伸出毛被之上，颇似体背蒙上一层白霜，至体侧白色尖逐渐减少，针毛较粗硬，腹面纯褐灰色，部分有白毛斑，但腹毛稀疏，常显现裸露，耳毛棕褐，吻部色泽稍浅，灰白色。四足背及趾具褐棕色细毛。

4. 头骨

与中华竹鼠无异，但有下述特征：（1）听泡较为低平；（2）鼻骨前端宽。前面看，其宽度超过相应前颌骨的宽度，末端不尖，不成三角形；（3）鼻骨后端超过前颌骨前缘；（4）眶间部较宽，为腭长的28%（中华竹鼠平均为23%）。

5. 牙齿

与中华竹鼠无甚区别，唯上门齿与腭骨成一锐角，略向前倾斜。

我国南方有分布，国外分布于缅甸的东部及中印半岛与马来西亚等地。

三、大竹鼠（*Rnizomys Sumatrensis* Romles）（图3）

图3　大竹鼠

1. 别名

红颊竹鼠、红大竹鼠。

2. 外形

体型较大，成体体重2～3kg，体长39.8cm，耳短，但由于毛被稀疏，故仍清晰可见。前后足足掌部后面的两个足垫彼此连接。尾粗壮而长，无毛而完全裸出，尾长约为体长的40%，约等于后足长的2.5倍。雌性乳式2－3＝10，胸部2对，腹部3对。

3. 毛色

毛被稀疏而粗糙，面颊（从吻周到耳后）淡锈棕色或棕红色。额枕和颈背中央有一梭形暗色斑，体背和体侧为淡灰褐色。腹面毛被非常稀少，常可见到皮肤。喉胸部纯褐色，腹部灰白色。四肢和足背纯褐色。尾乌褐色，但尾尖常呈棕黄或淡黄色。

4. 头骨

与中华竹鼠无异，但颅全长大于 8.5cm。

5. 牙齿

与中华竹鼠无多大区别。唯与齿隙长大于上齿列长的 1.5 倍，第一上白齿一般大于或等于第二上白齿。

我国南部和西南部有分布。国外分布于马来西亚，中印半岛与缅甸等地。

另据史料记载和动物学家分类，我国还有 2 种竹鼠，即暗褐竹鼠（*Rnizomys uardl* Thomas），形态与中华竹鼠相似，体重 1.6kg，通体暗烟褐色。分布于云南西部和贵州东北部。另一种为小竹鼠（*Cannomys budins*），是竹鼠科中最小的一种，体重 262.38 ± 20.47g，全身为棕褐色。分布于云南南部及西南部热带地区。

竹鼠是草食性动物，人工饲养以农作物鲜秸秆为主要饲料，不需加工和粉碎，是粗纤维利用的佼佼者。可以说，在目前的养殖动物中，还没有哪一种动物能像它这样耐粗饲。野生竹鼠的驯养成功，为开发利用我国乃至世界的丰富秸秆饲料资源，培育了一个新的优良品种。它是养殖业上盛开的又一朵奇葩。

第二节　经济开发价值

《本草纲目》记载："竹馏、食竹根之鼠，形大如兔。"馏是形容它形体的肥胖，是指它的味美，竹馏肉有补中益气，荣养宗筋，温肾，滋阴壮阳，固本生津，消肿毒。脂肪炼油可清热解毒，消肿止痛。现代高科技技术研究证实竹鼠的脂肪、脑、胸腺、肝脏等是制备一些生化药物的珍贵原料。近年来利用现代生化制药技术，以竹鼠提取各种生物活性物质或因子作为生化药物制剂，如亚麻酸、胸腺肽、促肝细胞生长素、软骨抗癌活性因子等，用于临床治疗肿瘤、糖尿病、心脑血管疾病、免疫功能低下和肝炎等多种疾病取得了显著疗效，具有明显的经济效益和良好的社会效益，并具有潜在的巨大市场和广阔的应用前景。已引起药物专家和生化制药企业的高度重视，成为生化制药的重点攻关领域；另外，还利用现代化高科技，已开发出特效治哮喘、治糖尿病及脑血管疾病的药品，其骨可代替虎骨，已制成鼠骨酒。所以，竹鼠具有极高的药用保健价值。

竹鼠肉质精瘦，肥而不腻，鲜美可口，为野味上品，是一种营养价值高、低脂肪、低胆固醇的肉类食品。据测定，它含粗蛋白质 57.78%，粗脂肪 20.54%，灰分 17.36%，粗纤维 0.84%，水分 3.84%。还富含磷、钙、维生素 E 及氨基酸，其中蛋氨酸、特别是精氨酸的含量比畜禽及水产品都高。用普通烹调方法即可做出各种味道鲜美，甘香扑鼻的鼠肉佳肴。尤其是竹鼠肉富含胶原蛋白，胶原蛋白是一种由生物大分子组成的胶类有机物，是构成人体皮肤、筋、腱、牙齿和骨骼等最主要的蛋白质成分，约占人体总蛋白质的 1/3，是机体必须摄取的营养物。从竹鼠肉中摄取胶原蛋白质，能促进人体新陈代谢功能正常活性，进一步降低细胞可塑性衰老，增强皮肤弹性。防止皮肤干燥、萎缩、皱纹等。改善机体各脏器的生理功能，抗衰防老。其抗衰老功能是大米的 400 倍。竹鼠肉是一种有益健康和美容的天然补品，被视为山珍极品。我国考古学家在湖南长沙马王堆出土的西汉时期的古墓中发现有许多罐芒狸肉干，分析认为当时的芒狸肉干已成为达官贵人享受的滋补珍品。目前，食竹鼠已发展成为新潮美食，从家庭餐桌登上了高档酒家的宴席，为饮食文化增添了光彩。

此外，竹鼠是无汗腺动物，其皮毛细软，光泽油润，底绒厚，是制裘衣的上等原料。其皮制成的夹克，长大衣在市场上极为抢手，竹鼠的须是制作高档毛笔的原料，货源紧张，供不应求。人工饲养竹鼠不受电和水源的限制，在 5~32℃ 的温度范围均能正常生长繁殖。所需设备简单，规模可大可小，在一般空闲的地下室，普通房屋内，建造水泥池（60cm×60cm×60cm），或用废铁桶、瓷缸均可饲养。一只繁殖用母竹鼠需圈舍面积 0.36 m²，配种舍 0.72m²（1.2m×0.6m），断乳竹鼠或育成竹鼠可群养，一般 10 只一群，需圈舍面积 1 m²。

饲养竹鼠的饲料来源广泛，廉价易得，米饭、玉米、红薯等是精饲料，鲜玉米秆、高粱秆、玉米蕊、甘庶苑（尾）、部分蔬菜茎、节芒草秆（根）、嫩竹（叶）等是主要的粗饲料，一只竹鼠每天需粗饲料 300~400g，精饲料 30~50g，一只种竹鼠年需饲料费 30 元左右，年繁殖三胎，每胎产仔 2~5 只，年产仔最高可达 20 只以上，从出生到长成体重 1 000g 的商品竹鼠需 5 个月，需饲料费 8~10 元，按目前市场最低售价 40 元/kg，每只可获纯利 30 元，，一个劳力可饲养管理 200 对种鼠，年可获纯收入 2 万元以上，经济效益显著。

第三节　生活习性

竹鼠是营洞穴生活的动物，具有许多适合于洞穴居住生活的特点。野生竹鼠多栖息于热带、亚热带地区山间竹林、芒草、棕叶芦、野甘蔗丛生的河谷地、草坡、稀树灌木林以及常绿阔叶林中竹子丛生的地方。多在比较松软、干爽的山坡、谷地上掘洞穴居，洞内以枯草和竹叶做窝巢，洞口外有一松土堆，竹鼠有堵洞的习性，鼠在洞内时洞口用松土堵塞。啃食多种芒草根（茎）、山姜子、野甘蔗和竹的根茎、阔叶林树皮、根皮，尤喜食多种芒草根和籽。

一、活动规律

竹鼠白天及夜晚均可活动，但夜间活动频繁。是典型的夜行动物，虽然眼小，目光短浅，但夜视能力强，善于夜间活动。据观察，其活动规律可分觅食活动期和休息期。一天中，0：00～2：00为第一活动采食期；4：00～5：30点为第二活动采食期；9：00～10：00为第三活动采食期；15：00～18：00为第四活动采食期；20：00～23：00为第五活动采食期，其他时间为休息期。

二、温度要求

温度对竹鼠的活动、生长、繁殖是极其重要的影响因素。因为汗腺极不发达，调节体温的能力差，夏天酷暑，冬天严寒，而野生在土层下居室温度变化较地面稳定，所以最适宜的生活温度10～28℃，如果驯化饲养，野生地下居室与人工饲养在地面筑构居室，冬、夏有一定温差，应根据天气变化给予人工调温。根据湖南省双牌县竹鼠研究所临床记载，温度超过32℃以上发情配种受到影响，超过38℃极易中暑死亡。温度低于5℃以下时，竹鼠生长发育缓慢，繁殖力下降，产仔成活率降低。当温度降到0℃以下时，活动迟缓，摄食减少。

三、湿度与水分需求

竹鼠喜凉爽、干燥、洁净处生活，水分是竹鼠维持生命、生活的重要物质。但竹鼠与其他啮齿类动物有所不同，汗腺极不发达，调节体温和水分代谢的能力差，无饮水习性，维持生命、生活所需的水分，靠从食入的饲料中摄入是重要来源之一。因此应十分注重饲料中含水分量，饲料中含水分过多易造成腹泻，含水分过少又容易引起消化不良，粪便干硬、颗粒小、呈暗黑色。此外，饲料中水分不足还影响到生长和毛色的变化，毛色枯燥变黄褐色，生长缓慢，体形较消瘦，甚至导致体液电解质失去平衡，出现神经症状和死亡。所以，正确掌握饲料的含水分量是竹鼠养殖成功的关键。

四、食物特性

竹鼠是草食动物，成年鼠日采食粗料 250~400g。喜食带甜味的植物根、茎、叶、皮。主要以竹笋蒂、嫩竹、山姜子、多种芒草地下根、野甘蔗等为食，也食一些杂草籽食。人工饲养可以玉米、稻谷、大米、红薯等为精饲料，玉米秆、高粱秆、甘蔗、芦苇、竹类等为粗饲料。竹鼠的消化系统十分适合消化粗饲料。胃由二部分组成，前胃呈囊状，具有消化粗纤维的功能，盲肠也是分解粗纤维的场所。所以饲养竹鼠的饲料来源广泛，价廉易得，且食量不大。嘴唇纵裂，门齿外露，下门齿呈剪刀状，以便摄食，切断食物，下门齿不断生长，需要不断磨损和啃咬，所以每天除喂给青料外，还要补给 100~200g 树枝或竹枝，以满足其啃齿行为。

五、活动敏捷

竹鼠当遇到人为惊扰和外来动物袭击时，立即露出锋利粗大的门齿，发出"呼、呼、呼"的叫声和"咯、咯、咯"的磨牙声，形态凶猛。一旦激怒，会用前爪和嘴咬住不放。因此，捕捉时要迅速抓住竹鼠尾巴提起，防止咬伤手指。另外，竹鼠还有互相残杀的习性，竹鼠有自己的活动领域，非发情配种阶段，当陌生竹鼠侵占或相遇时会发生咬斗，甚至咬死一方。带仔母鼠当受到严重干扰、刺激会将幼仔咬死。所以保持室舍暗光环境，避免噪音刺激和风吹是养好竹鼠的重要保障。

六、居巢性

竹鼠在野生的条件下掘洞而居，一般洞长 3~5m，内筑卧室、贮食室、厕所和通道。为了保持洞内有一个较卫生的环境，同时为了寻找新的食物资源，每月迁移一次，筑构新的居所。在家养的条件下，窝室的设计，既要考虑到穴居钻洞的习性，又要便于饲养、观察、清扫和捕捉。窝室要坚实而光滑，要求高度0.7m，以防掘洞和翻墙而逃跑，窝室还要阴暗、保暖、凉快和干燥，使竹鼠居住在人工窝室内具有洞穴感。一个家族即一公二母，可设三室二厅，厅为动物采食场，为外室。内室分三个小室，每室面积为35cm×30cm，地面略高于外室，便于清扫垃圾，三室便于它们轮流更换居室，类似野生一月一迁居的习性。

七、气味通讯、嗅觉灵敏

竹鼠的肛门腺和阴道腺很发达，公母之间、同伴之间、亲子之间主要依靠气味进行"化学通讯"，一群很安静的竹鼠，闻到陌生鼠的气味，立刻惊恐乱跑如临大敌，甚至相互撕咬，陌生竹鼠突然合群，由于气味不投，则相互残杀，打斗不休，必须经过一星期异味适应过程，才能结伴合伙，雌雄竹鼠十分忠于"原配夫妻"，尤其从小长大，气味相投，情投意合，配种则较顺利。临时配对要进行一段时间的感情培养，其实质是建立化学通讯联络，否则，相互撕咬，人为的"捆绑夫妻"则难顺利交配。

第二章　野生竹鼠的捕捉与驯养

竹鼠全身是宝，有很大的开发空间，在我国秦岭以南的山坡竹林或者芒草丛下穴居，主要以竹的地下茎、根、嫩枝为食，由于经济效益显著，我国自1990年开始驯养并获得成功。

第一节　野生鼠的捕捉方法

现家养竹鼠的种源，是野生驯养而来，新的饲养场户可以从驯养成功的场引种，也可向自然界索取，将野生竹鼠捕捉回来，经过人工驯养变为家养，下面介绍捕捉野生竹鼠的几种方法。

一、敲洞惊鼠法

竹鼠喜栖息在成片的细竹林或芒草地，捕捉时先要寻找枯死的竹子或芒草，因为竹鼠洞穴在地下，使洞穴上的竹子和芒草造成吸水困难而死亡。所以，凡枯死的地方可能有竹鼠挖的洞和足迹，然后再找竹鼠洞，若看到洞口有新土，且堆得很高和潮湿，上面无树叶或很少，洞口用土封闭，则洞内可能有竹鼠。若洞口敞开，而且洞口土堆较低或干燥，上面有较多枯枝落叶，则洞内没有竹鼠。

在确定洞内有竹鼠后，先将洞周围1m之内的树枝杂草砍光，然后从四面用木棒或锄头由外向内用力敲击地面，洞内的竹鼠受到震惊后很快就会爬开堵塞洞口泥土，向洞外逃逸，由于竹鼠长期过洞穴生活，洞内阴凉黑暗，一出洞后对光线刺激一下子很不适应，反应迟钝，此时即将事先准备好的铁丝罩将它罩住，然后将铁丝罩慢慢移动，让尾露出，手抓住尾巴松开铁丝罩迅速提起放入铁笼内，若是雌鼠应看一下乳头是否光滑湿润，乳头周围毛是否稀少，乳头外露，若有上述表现，则可能是一只哺育期的母鼠，洞内有幼鼠，需挖洞取出。

二、挖洞捕捉法

挖洞捕捉是一种较常采用的捕捉竹鼠的方法。挖洞应在夏末初秋季节进行，此时是竹鼠活动频繁的季节。但在挖洞前一定要先做好调查，如断定洞内有无竹鼠，方能动手挖洞，竹鼠的洞系由土丘、洞口、取食道、避难道、窝及厕所组成（图4）。挖洞一开始时，竹鼠一听到响声，立即逃至避难道，此时就不必去挖其他通道，而只需寻找他的避难道，继续挖避难道便可捕捉竹鼠。避难道一般只有一条，但有个别竹鼠的洞穴避难道也有两条，即在避难道上另有一条分岔的避难道，宽度与取食道相似。这时循道洞挖下去，很快就能捕捉到竹鼠。

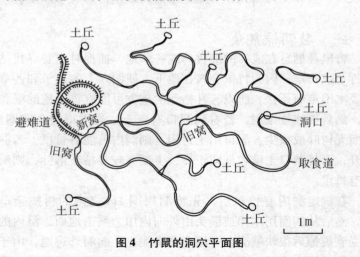

图4　竹鼠的洞穴平面图

三、踩板箱擒鼠法

在秋、冬季节，竹鼠洞穴较深，人工挖掘洞穴费时费力，可采取用踩板箱捕捉竹鼠。一般在确定洞穴内有鼠后，将洞口的泥土铲开，然后把木箱对准洞口安牢，同时检查周围是否再有出口，如有就用石头堵死，迫使其往装有踩板箱洞口钻，进入木箱待捕。捕鼠木箱的规格是，长100cm、宽20cm、高16cm，两头是活闸门，在闸门背面中间钻一小浅眼，并在木箱的上盖外面顺着木箱的长度，在正中刻一线槽，在线槽中间钻一小孔，用1m长的细绳两端各拴一小圆钉。在细绳中间拴一根7～10cm长的细绳，伸入箱底拴住踩板，当竹鼠进入箱内碰到踩板，便带动两头活闸门上的小圆钉脱离闸门，使闸门自行下垂，将竹鼠关在箱内，此方法使用方便，对竹鼠无损伤。

四、烟熏捕捉法

砍一段大竹筒，一头留节，一头开口，从开口处放入稻壳，在有节一段作一小孔，再插入一根中间空的细竹竿，然后点燃稻壳，放入洞内，有细竹竿一端留在洞外，然后用泥封好洞口的空隙，并嘴对小竹竿，口用力吹气，使烟雾进入洞穴，竹鼠难以忍受的情况下，会从后洞爬出。使用此方法，应注意在点火之前对其他后洞堵死，只留一个出口，但要注意不能燃烧成明火。鼠被熏出后，竹筒内未燃烧完的稻壳应用泥土埋灭，以免引起火灾。

五、灌水捕捉法

用水往竹鼠洞穴里灌，当水灌满整个洞穴后，竹鼠被逼出洞来。采用此法必须注意，一是水源方便，二是灌水务必要满，不能停停灌灌，否则不一定灌出竹鼠。二是竹鼠的居穴洞一般选择在山坡上，有一定坡度，所以在灌水前将下面的洞一定堵死，不能渗水，如果在坡上或者则面有多个出口的话，应全给堵上只留坡上较高位处一个洞作灌水口。灌满后经 10 ~ 30min，竹鼠忍受不了，便会爬出洞口，这时即可捕获。

第二节　野生竹鼠的驯养

一、疗伤

无论是自己捕捉的，还是山区市场收购的野生竹鼠，驯养前均应仔细检查是否有伤，并根据伤势轻重区别对待。若只伤皮肉，可按一般外科处理，涂擦消毒碘酊或口服消炎类药物，一般伤口 3 ~ 4d 就痊愈。如有重伤例如四肢骨折等，可采用石膏绷袋固定，若通过治疗没有好转或者无治疗价值的应尽早作商品鼠处理。

二、应激反应的处理

竹鼠被捕后由于居室、生活环境发生改变，而产生强烈的应激反应，表现拒食而死亡。临床采用弱光或暗室饲养，可降低应激反应强度，提高捕后成活率。湖南农业大学动物科技学院和长沙南马科技开发公司康梦松等的试验差异见表1。

表 1　捕后处理对成活率的影响

处理	只数	拒食时间（日）	发病率（%）	成活率（%）
暗室 + 稻草	50	1 ~ 1.5	4 (2/50)	96 (48/50)
开放式	50	3.5	86 (43/50)	14 (7/50)

据观察，在暗室加稻草覆盖的情况下，竹鼠建筑成稻草窝巢，隐居其中，仿佛回归了自然，再投食竹鼠最喜吃的芒根，拒食时间最短，发病率低，捕后成活率高达 96%。相反，采用开放式饲养，因处于惊恐之中，拒食，腹腔水肿，经解剖和细菌培

养，没发现严重的败血症和致病细菌，出现以应激反应为主的变化，表现为实质性的器官出血和腹腔积水。所以采取暗室加稻草覆盖，则可以降低应激反应，提高捕后成活率。

三、驯食

野生竹鼠野性强，对环境和生活适性的改变有一个抗逆性过程，若一捉来就马上投喂人工配合料，大多数则会出现拒食而死亡。因此需有一个驯食的过渡期，据康梦松等的试验和双牌县竹鼠养殖示范场的临床体会是先以竹鼠最喜欢吃的冬芒草根、嫩竹笋、竹叶为诱食辅以玉米、米糠拌饭或者馒头等精料，逐渐增加物质种类，最后添加营养元素，如矿物质、氨基酸和维生素，最后定型于含有多种营养元素的混合饲料，达到人工控制营养的目的，既不使营养过剩而浪费，又能满足其营养需要，发挥生长潜力。

四、合群驯养

合群驯养的目的在于改变野性，使竹鼠变得温驯，便于人工操作，并组合新的家系，因为野生竹鼠是终生配对，拒绝临时组合配偶，或者争斗不休，或者拒绝交配。

临床可采用二种方法，一是家系驯化，经过拒食和食物过渡后，即组建新家系一雄二雌，居住面积 $0.3m^2$。三个内室，面积为 $0.12m^2$，供作竹鼠卧室。外室 $0.18m^2$，供运动和采食。二是合群驯养，合群池为 $1m^2$，不设内室，开放饲养，驯食后，按一雄二雌的比例，放于 5 组，即 5 雄 10 雌，为了减少合群初期的争斗次数，池中放入 7～8 个空心砖，作为被攻击方的临时庇护所。

表2　驯化方法对驯化的影响

处理	数量	攻击时间（日）	攻击频率（%）	配对成功率（%）
家系	5	20	95	32
合群	5	10	45	85

从表2可知，合群驯化优于家系驯化，这是由于合群驯化较之家系驯化施加了更为强大的选择压力，首先拥挤打破了个体领域，被迫接受更多的同伴，其次攻击受到多方制约，例如丙→乙→甲→丙，减弱了相互交锋的次数和强度。第三个体多，每个个体排出的气味，干扰了相互间的气味鉴别。第四雌雄间有更多的性选择自由。

总之，捕捉或者山区收购的野生竹鼠，采用模拟的生态环境，减少应激反应，采用采食天然饲料为诱食逐渐过渡到人工配合饲料，利用合群驯化，既可减少交锋次数，又可提高家系组合成功率。

第三节　外地引种

一、引种前的准备工作

竹鼠的人工饲养是20世纪90年代初以来才开始推广的养殖新项目。时间和金钱同在，把握机遇，抢先发展，捷足先登是提高引种效益的重要一环。但匆忙引种，仓促上马，很可能导致欲速则不达。因此，在引种前需做好以下准备工作：

（1）初步了解竹鼠的生活习性、适应性、饲料来源、繁殖性能及养殖设备等方面的情况。为引种做好思想准备。

（2）考察和预测市场。分析引进种源后，在本地的商品市场、供种市场及其他地方市场的需求变化情况。做好开拓市场的准备。

（3）进行引种决策时，根据竹鼠人工饲养基本情况的了解，结合本地的地理气候条件，饲料来源的难易度，饲养条件和市场预测的情况，决定是否引种。

（4）搞好饲养圈舍建造和引种资金的筹集。

（5）了解种鼠生产市场的有关情况，学习饲养方法和技术，做好引种包装设备和办理有关引种运输手续及市场检疫。

（6）正式引种。

二、引种运输途中的注意事项

（1）在起运前，检查包装笼具是否牢固，笼门是否扎好系牢。

（2）在运输途中要经常注意竹鼠的表现情况。若出现躁动不安，猛烈啃咬笼舍，则应检查是否由气温过高引起，若是气温过高应立即将笼舍移至车箱通风处。若长时间出现安静的现象，也要进行检查，是否笼具包装过于严密不透气以致造 成窒息死亡。勤观察竹鼠的精神状态。

（3）尽量减少在途中的运输时间，做到途中少停顿，少逗留。

（4）若当天引种不能到家的，途中要给予投食喂养。

三、引种回家后应做好的几项工作

（1）立即将竹鼠从运输笼内放到饲养圈舍内饲养，并给予投食。

（2）竹鼠经过运输和变换新的饲养环境，性情不安，因此，要特别做好防逃工作。

（3）保持饲养环境安静，尽快使竹鼠性情安定，随着引种消息的传开，周围有许多群众前来观看，这样会造成饲养场地嘈杂，不利于饲养工作的开展和安全，应尽量谢绝来人参观。

（4）搞好饲料的组织工作，做到定时投食，避免时饥时饱。

（5）参考饲料技术资料，进行精心饲养，在实践中不断探索和总结提高。

第三章　饲养场地建造

第一节　场址选择

一、场址选择的基本原则

根据竹鼠的生活习性和生长繁殖特点，竹鼠饲养场场址应选择在地势干燥、排水良好、冬暖夏凉、受外界干扰少的安静地方，同时，还要考虑采集饲料方便，便于运输和防疫管理等条件。饲养房坐北朝南，能防风保暖，光线适当阴暗。

二、饲养舍建造的基本条件

竹鼠饲养舍不需特别的讲究，在一般房屋内、地下室和大棚内均可养殖，但要具备以下几个基本条件：

1. 通风

饲养室应尽量做到通风良好，空气新鲜，冬天防止冷风侵袭，夏天保持室内凉爽。通风不良，饲养室时冷时热会影响正常的生长繁殖和发育，容易引起感冒和中暑等疾病。

2. 温湿度

竹鼠喜温暖、干燥、洁净的生活环境，饲养室要注意适当的温湿度，在炎热的夏季，室温应控制在 32℃ 以下，在寒冷的冬季，室温应控制在 5℃ 以上，最好控制在 15~20℃，这样冬季产仔成活率高。相对湿度应控制在 50%~60% 为宜。

3. 光线

竹鼠喜欢生活在弱光环境中，饲养室应光线适当阴暗，夏天要避免阳光直射。

4. 安静

饲养室周围环境要安静，避免整天喧闹，以免竹鼠造成恐惧，影响生长和繁殖。

5. 防逃

饲养地面要铺设水泥混凝土，地面坚硬光滑，便于清扫和铲除粪便，同时，防止掘洞逃逸。四周墙壁用水泥、河沙、石灰浆拌和粉刷光滑，以免攀岩从窗户逃走。

第二节　饲养圈舍的建造

饲养竹鼠的圈舍较为简单，各地在养殖中，要根据当地条件，就地取材，尽可能选用简单易行，便于饲养操作和管理，又最大限度地节约固定成本的投入。现介绍几种圈舍建造方式，供饲养者选择和参考。

一、移动式圈舍

可用废油桶、陶瓷缸、预制水泥板等制作。废油桶、陶瓷缸的直径应在 40cm，深度 70cm 为宜。用陶瓷缸制作时，不能口窄肚大，以免起蒸汽水，造成湿度过大，预制水泥板的规格为 2.5cm×60cm×60cm×60cm（厚×长×宽×高）。上下两端安置铁丝，铁丝露出水泥板 3～5cm，然后用四块水泥板拼凑起来，为一个养殖圈舍。移动式圈舍其好处是：可根据气温的变化换场址，或场地租用期满，便于搬迁饲养场址。一般一个桶（瓷缸）、池内可饲养 1～2 只。但桶（缸）内活动余地少，不便于配种繁殖。

二、固定式砖池圈舍

固定式砖池圈舍要建立在水泥地板上，主要建筑材料是红砖、水泥、河沙。要求达到防逃、便于清扫粪便和投食，在形式上可以多种多样，主要有以下几种形式：

1. 单池型

如图 5 所示，一般一个单池面积 0.3 ~ 0.36m²。内墙壁用水泥沙浆抹平且光滑。单池舍主要用于饲养怀孕后期或产仔哺乳期的母竹鼠或后备种竹鼠。一池饲养 1 只。

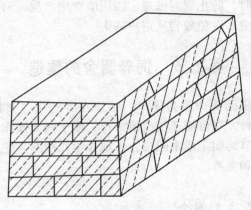

图 5　单舍外观

2. 连通池型

在单池型的基础上，用一排或两排靠背连起来，把两个或 3 个、4 个舍池串通（图 6）。面积可扩大，上面不用盖子，周围不必做门，一般以 5 层红砖高为度（60cm），过高不便于清扫和通风降温，降低会逃跑。池内用水泥抹平且平滑，一个串池根据面积的大小可饲养 5 ~ 15 只，有了串通舍池，能自然形成一个便于活动和休息的场所，使公母鼠保持活泼和正常的性功能，便于竹鼠交配。在养殖过程中只需检查怀孕竹鼠，不需要观察发情情况，产仔率较高。同时，还可最大限度地利用地面面积。

3. 大小水泥池型

用红砖砌成 70cm 高的墙围，内墙壁用水泥粉光滑抹平。每

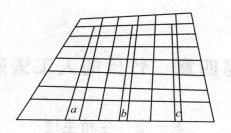

图6　连通池型

注：a. b. c 为走道

个池面积 1~4 m²。池内放置空心水泥预制砖，以便竹鼠休息。每池可饲养 20~40 只竹鼠。缺点是竹鼠容易感染寄生虫，采食不均造成个别竹鼠瘦弱，配种时因争夺发情母鼠造成咬伤。

建设竹鼠养殖场的饲养舍池，可二型并用。

第四章　竹鼠的人工繁殖

第一节　生殖生理

生殖是动物保持种族延续的基本机能，竹鼠属有性繁殖、雌雄异体和胎生的高等哺乳动物，所以生殖系统也就分化为雄性和雌性两个不同的器官系统。人工饲养竹鼠，应创造良好的生活环境，提供全面的饲料营养，使其更好的繁育。正确掌握竹鼠的生殖生理知识做好人工繁育工作是开展竹鼠人工养殖获得成功和效益的基础。

一、公竹鼠的生殖器官构成特点

公竹鼠的生殖器官由阴囊、睾丸、副睾、输精管、副性腺和阴茎等生殖器官组成。

1. 睾丸

睾丸是主要性器官，位于阴囊内。阴囊位于两后肢股下，耻骨后上方，幼年公竹鼠阴囊很不明显，成年公竹鼠睾丸较大，一对位于阴囊中，呈裸露状，长 1.2cm，宽 1cm。

2. 副睾

副睾紧附于睾丸上。是贮藏精子的场所。曲精细管中产生的精子，经直精细管，到副睾停留一段时间（约 48h）才有受精能力。时间过长，则逐渐衰老死亡，失去受精能力，最后被分解吸收。

睾丸和副睾都位于阴囊内，阴囊是一个袋状的囊。竹鼠的阴囊位于两大腿之间，趾骨的后方。因精索短，提睾外肌不发达，阴囊紧贴于尿突口下面，和附近皮肤无界限。

3. 输精管

输精管是由副睾伸延出来的两根小管，向上经腹股沟入腹腔，在膀胱背侧膨大部称壶腹，末端开口于生殖道背侧。主要机能是从副睾将精子输出到生殖道。输精管从副睾尾上行时，和精索动脉、精索静脉、提睾内肌、淋巴管及神经等组成精索，外包有鞘膜。

4. 副性腺

副性腺有精囊、前列腺和尿道球腺，都位于输精管末端、阴茎附近。并开口于尿生殖道。副性腺分泌的液体，与睾丸来的精子共同组成精液。

5. 阴茎

阴茎是交配器官，将精液输送到母鼠子宫颈部，又是尿液排出的管道，故称泌尿生殖道。整个阴茎可分根、体、头部三部分。呈圆柱状，长度 2～3cm。阴茎头较小，是鉴别性别的主要标志。阴茎根由两个阴茎脚附着于坐骨弓，阴茎体由阴茎海绵体和尿道海绵体构成，海绵体由很多血窦和平滑肌组成。血窦充血时可发生勃起。两个海绵体之间有直走的尿道。阴茎外面的皮肤称为包皮，具有保护阴茎的作用。

公竹鼠性成熟以后，就具有性活动。生殖器官发育完全，可产生性细胞，并有性欲要求，出现第二性征称性成熟。性活动是指性欲，阴茎勃起，交配和射精等性行为。

二、母竹鼠生殖器官构成特点

母竹鼠的生殖器官由卵巢、子宫、阴道和外阴等组成。

1. 卵巢

卵巢成对，是母竹鼠的主要性器官，能产生卵细胞和分泌雌性素（卵巢酮和黄体激素）。卵巢的大小、位置根据年龄而稍有不同。卵巢分皮质和髓质两部分。皮质在浅层，它的表面被有一层生殖上皮细胞。生殖上皮细胞分裂发育的滤泡就位于皮质内。滤泡有其发生和发展过程。首先是生殖上皮细胞分裂多次，成为卵母细胞，每一个卵母细胞被一层滤泡细胞包围，称为原始滤泡。原始滤泡中的卵母细胞逐渐长大，滤泡细胞也由此分裂，层次不断加厚，成为初级滤泡。初级滤泡不断生长，中央形成空腔，分泌滤泡液，内含滤泡激素（又名卵巢酮或动情素）。它的作用可促进性欲的产生、性器官的发育和出现第二性征。滤泡不断成熟为次级滤泡和成熟滤泡，而后破裂，卵细胞从其中排入输卵管，叫排卵。

排卵后，滤泡血管破裂。流入的血液凝固称为红体。而后血块被吸收，为黄体细胞所代替，即改名黄体。黄体可以分泌黄体激素（又名助孕素）。它能使子宫黏膜增厚，分泌增多，便于受精卵埋植；又可降低子宫平滑肌的兴奋，保证安静受孕，且抑制新的滤泡成熟，不再出现发情。黄体存在的时间，决定于是否受精。已受精怀孕的竹鼠，黄体保存到妊娠末期；如未受精，则不久退化为白体；新的滤泡又开始发育成熟，母竹鼠出现第二个发情周期。

2. 输卵管

输卵管在子宫和卵巢之间，是两条很细的小管。近子宫的一端，与子宫角相接；前面靠近卵巢，呈漏斗状开口，称输卵管。输卵管的前 1/3 处是受精的地方。

3. 子宫

子宫是受精卵发育成胎儿的器官。位于腹腔后部和骨盘前部。处于直肠和膀胱之间。分子宫颈、子宫体和子宫角。竹鼠子宫体已退化，无子宫体。子宫颈突向阴道内，平时是闭合的。发情时略为开放，分娩时完全松开。子宫角呈直形，很发达，长达7cm，但比较硬实且细，与输卵管相接。

4. 阴道

阴道既是交配道又是产道。是指从子宫颈到外阴的部分，与外界相通部分叫阴门。阴门两侧为阴唇，竹鼠阴唇很不发达，前庭底壁黏膜有阴蒂。母竹鼠发情时阴蒂向阴门外翻，由白色变鲜红色再变成白色。然后收回阴门内，是发情鉴定的主要依据。尚未性成熟的母鼠外阴部被阴道膜封闭，尿道开口不在阴道，尿液通过圆锥的尿道突起排出体外。

母竹鼠性成熟后，周期性地出现性活动。第一次性活动开始，到第二次性活动出现，称性周期。全期可分性兴奋期、性抑制期和性均衡期。性兴奋期母竹鼠表现食欲减退，性凶烈，出现性欲；外阴肿胀、阴道流出黏液等变化，称为发情。此时，应及时配种，提高受胎率。

第二节　发情与发情鉴定

一、竹鼠的发情周期

竹鼠一年四季发情。但竹鼠的繁殖具有一定的周期性和季节性，一般春、秋两季是竹鼠的发情配种旺季。一只母竹鼠每年繁殖三胎，从仔竹鼠出生日起，9~10月龄后性成熟，11月龄可配种。因竹鼠卵巢所产生的卵泡的成熟过程是分批分阶段的，所以母竹鼠在繁殖季节不是出现一次发情表现，而是出现几次，并且有周期性的规律。母竹鼠在繁殖季节一般可出现2~4个发情周期，发情间隔的时间平均为15~17d，个别的长20~30d，每次发情持续的时间3d左右。

二、竹鼠的发情鉴定

发情鉴定在竹鼠配种工作中非常重要。竹鼠进入配种阶段后，不进行发情鉴定就把公、母鼠随意放在一起，往往会造成公、母竹鼠相互咬伤的情况，这样就不能顺利交配。在发情早期，虽然母竹鼠能接受交配，但迫于强制性，往往配种效果不够理想。正确地掌握母竹鼠的发情情况，不仅可以顺利交配，而且能提高母竹鼠的受胎率。发情鉴定以检查外生殖器为主，放公竹鼠试情为辅，观察求偶表现，综合分析确定是否发情。

1. 外生殖器变化

达到性成熟和体成熟的公竹鼠睾丸大，裸露于两后肢股下，阴囊舒松下垂，有弹性。个体重达 1kg 以上。没有达到性成熟和体成熟的公竹鼠睾丸小，睾丸囊紧缩，个体重达 1kg 以下。

没有发情的母竹鼠外阴部阴毛遮挡，阴门紧闭，阴毛成束。发情的母竹鼠外阴部变化可分三期：前期表现阴毛逐渐分开，阴门肿胀，光滑湿润，呈粉白色，用手提起尾巴，阴唇向外翻出。中期表现阴毛向两侧倒伏，阴门肿胀更大，隆起。用手提起尾巴，阴唇外翻，湿润且有白色黏液。后期表现外阴肿胀与前期相似，但经产的母竹鼠有小皱纹，稍见干燥，呈紫红色。多数母竹鼠在前后两期交配，不易受胎。中期则易接受交配，受胎效果也较好。

2. 活动表现

发情的母竹鼠性情兴奋，活动频繁，向笼舍四周爬越观望，人为去捉拿性情变得凶恶。

3. 观察试情表现

发情的母竹鼠兴奋地在圈舍四周回旋。当公竹鼠进入其笼舍后，主动接近公竹鼠。发出温柔的"咕、咕"求偶声，发情较差和没有发情的母竹鼠抗拒公竹鼠进入其笼舍，表现敌对行为，发出吼吓的尖叫声，甚至与公竹鼠拼搏撕咬，此时必须立即分开，以免咬伤或残杀致死。

4. 交配姿式

交配前公母竹鼠在圈舍内相互追随周旋，公竹鼠头顶母竹鼠颈部发出"呵、呵"的叫声，进行求情调戏。约一个小时后，公母竹鼠在环境安静的情况下，母竹鼠伏地不动，两后肢撑起，公竹鼠爬跨，两尾交叉，公竹鼠尾部来回抽动，即为交配，交配后公母鼠舔外阴部。

第三节 配 种

一、配种时间

根据母竹鼠进入发情初期并随着中期的来临，一般选择在夜间进行配种。

二、配种方式

一次配种空怀率高，配种次数过多，生产效果也不理想，配种方式通常采用连续复配，即在一个发情周期内，将公竹鼠放入母竹鼠圈舍内，让其同居 3～7d，或者更长时间，进行自由多次交配。

三、配种方法

1. 放偶时间

放偶是人为地将公、母竹鼠放在一起，以促其完成交配。放偶时间应在下午，以便公竹鼠适应新的圈舍环境和熟悉母竹鼠。同时，也是种竹鼠性欲最旺盛的时候，容易达到交配受胎。

2. 配偶方法

放偶前夕，用手提母竹鼠尾巴提起，进行最后一次发情鉴定，并以外阴部变化为主，确认进入发情初期后，将公竹鼠放入母竹鼠的圈舍一角，观察确有发情求偶表现，待公竹鼠与母竹鼠相互接触，不相互撕咬后，人再离开，让其同居自由交配。

四、配种工作中注意事项

1. 尽量减少强制交配

配种目的是为了繁殖仔竹鼠，不能单纯为了追求交配进度，采用生硬办法强制交配，实践证明效果不好。

2. 防止咬伤

多在发情鉴定不准，或个别母鼠对公鼠有选择性，或放偶方法不当，强行交配的情况下发生咬伤。如发现公母鼠相互撕咬，应尽早分开，以免造成伤残。

3. 防止逃跑

配种期间，公母竹鼠活动频繁、兴奋，每天早、中、晚要检查圈舍，是否有被咬破的情况，防止逃跑。

4. 防止近亲交配

要将母竹鼠和公竹鼠编写牌号，建立谱系，防止近亲交配。以免造成产仔数量少，幼仔生命力弱的不良后果。

5. 注意选种选配

要把产仔多、护仔性强、后代生长快或性情较温顺的公母竹鼠留作种用，达到提纯复壮和改良的目的。

五、提高受孕率

1. 复配

在正常情况下，大多数母鼠发情后交配一次即可受孕。为了提高受胎率，增加产仔数，当母鼠发情后立即捉出来与公鼠配种。配完后 1h 左右将公母分开，隔 5~6h 后再用同一只公鼠再配一次。采取复配方法，一般可增加产仔数 50% 左右。

2. 双重交配

即一只发情母鼠，连续与两只不同的公鼠进行配种，这两次交配间隔不超过 10min，这种方法，实际上是补配一次，也有利于提高受胎率。

3. 血配

为提高竹鼠的产胎数，获得一年 4~5 胎，每胎 4~6 只的高产，可采用"血配"方法，即产仔后 12~48h 又配种。具体方法为：产仔时，将公母竹鼠分开，母鼠产仔后经 12h，已给仔鼠哺完初乳，情绪稳定，并有寻找公鼠的表现时，可在产仔后 12~

48h 内，两次将母鼠捉出放入公鼠笼舍内，与不同的两只公鼠交配。第一次捉出时间可在产仔后 12~24h 之内，第二次捉出时间在产后 25~48h 之内，两次时间间隔 12h 以上。每次合群的时间为 1h，配完种后再将母鼠放回窝内哺仔。在实际操作中不提倡血配，因有损母鼠使用年限。

第四节 妊娠、产仔、哺育

一、妊娠期

竹鼠的妊娠期为 50~60d，平均为 60d。交配后 25~30d 时，母鼠腹部膨大，稍往下垂。随着时间的推移，其腹部膨大下垂现象明显。怀孕末期，乳房发育迅速。

在妊娠期，投喂的饲料要多样化，且相对稳定，以免造成拒食、下痢、流产、死胎、缺乳等不良后果。在妊娠期必须保持环境清洁、干燥、舒适、安静，防止母鼠惊恐，以免流产。同时在母鼠妊娠期，一般不要捕捉。

二、怀孕鉴定

1. 早期怀孕鉴定

竹鼠交配后 10~15d 阴门内有白色胶状栓，以后栓子脱出，受精卵逐步发育成胚胎。

2. 临产鉴定

母鼠怀孕后期腹部膨大、乳头直立呈红色，乳头基部隆起，乳头周围毛脱落，即进入临产期。

三、产仔

产仔前 3~5d，母鼠用牙拔掉乳头四周的毛，使乳头露出，以使日后仔鼠吮吸。临产前，母鼠少食 1~2 餐，行动不安，有腹痛表现，发出"嘎、嘎"叫声，后腿变弯蹲如排粪姿势，并叼草作窝。阴部排出紫色或粉红色的羊水和污血。产仔时仔鼠头部先出，然后是身体落地。接着母鼠咬断脐带吃掉胎盘，舔干仔鼠身上羊水。产仔一般需要 2 ~ 4h，快的 1 ~ 2h。

四、哺乳

初生仔鼠全身无毛，两眼紧闭，体重 7 ~ 15g，体长 6 ~ 8cm。产后 12h 开始吸乳，3 ~ 7d 后开始长毛，7 ~ 15d 毛基本长齐，呈深灰色。30d 眼已睁开，能爬行，除吃奶外，跟着母鼠采食。哺乳初期（10d 内），喂饲时要肃静隐蔽，不要惊动母鼠，以防弃仔、咬仔或吃仔。哺乳 20d 内不要清扫舍内粪便。60d 可断奶，断奶后，即可分窝。分窝时幼鼠体重可达 250g 以上。

第五章 竹鼠的饲养管理

第一节 消化系统及其特点

竹鼠的消化系统包括消化管和消化腺两部分。消化管包括口腔、咽喉、食道、胃、小肠、大肠和泄殖腔，消化腺包括口腔腺、肝、胰及消化管壁内的许多小腺体，其主要功能是分泌消化液。

多数情况下竹鼠生活在竹林、竹与树混交林、灌木丛及草坡等地区，一般情况下，竹鼠的食物多为粗糙、含水分不多的箭竹、芦竹、棕叶竹、芒草等野生植物，无饮水习惯，为适应这种环境，竹鼠的消化道在形态和生理上产生了适应环境和生存需要的特点：小肠发达而长，为体长的2倍多，以加强消化机能。盲肠很短，为体长的40%左右，而它的大肠很特殊，很长，为体长的3倍多，以增加水分吸收作用，减少水分的流失，故竹鼠的粪粒十分干燥。同时，消化道内充满了食糜道内分泌细胞，再加上门齿锐利，咀嚼能力强，以适应竹类的特殊食性。

第二节 竹鼠的营养需要

竹鼠为了维持生命和生长发育、繁殖，必须从外界摄取一定数量的物质，这些物质称为营养素，竹鼠只有采食到各种各样的食物，才能得到完全的营养。因此，饲料是养殖竹鼠的物质基础。但是，竹鼠的营养依其固有特性及所处生活环境而异的。

一、低营养低能量

野生竹鼠几乎是完全特化为以竹子为食的食植物性动物。在长期进化和适应过程中，为适应这种低营养低能量的食物资源，在觅食方面表现出一系列优化对策，往往选择鲜嫩可口、营养质量好的食物资源，从食物中尽可能获取营养和减少能量支出方向发展，从竹鼠对竹子取食行为观察发现，竹鼠选择竹子的竹叶、竹笋、幼竹竿的中段为食，而且咀嚼得很彻底。从营养分析来看，竹叶和竹笋是竹子中营养最佳的器官。如竹鼠喜食的冷箭竹的竹笋粗蛋白质含量为 14.8%，竹叶粗蛋白质含量为 15.5%，幼竹竿（中段）蛋白质含量为 3.71%，而成竹为 2.29%。

竹鼠在生长期和繁殖期所需要的蛋白质量为 12% 左右，其他时期保持在 10% 就可以满足需要了。在人工养殖条件下，若用占饲料总量 10%～20% 的精料，提供了 80% 竹鼠所需的营养，就可加速竹鼠的生长，或用占饲料总量 80%～90% 的青粗料（竹枝、玉米秆、甘蔗等）给竹鼠提供 20% 的精料。这样的食物结构，能保持竹鼠正常的生长发育、繁殖以及保持野生竹鼠肉原有的特殊风味（表3）。

表3 竹鼠常用饲料的营养成分（%）

饲料类别	粗蛋白质	粗脂肪	粗纤维	天氨浸出物	粗灰分	钙	磷
毛竹	2.5	2.87	50.38	3.92	1.86	0.19	
毛竹鲜笋	2	0.2	1.0	2.9	0.7	0.04	
玉米	8.6	3.5	2.0	72.9	1.4	0.04	0.21
玉米秸秆	5.9	0.9	24.9	50.2	8.1		
芦苇	11.40	3.33	42.38	42.38	11.9	0.38	0.34
甘薯	2.3	0.1	0.1	18.9	1.3	0.03	0.03
胡萝卜	0.8	0.3	1.1	5.0	1.0	0.08	0.04
高粱秆	3.7	1.2	33.9	48.0	8.4		
南瓜	1.5	0.6	0.9	7.2	0.7		

二、维生素

维生素是维持生命的要素，它是维持竹鼠正常生理活动、生长、繁殖所必需的有机物。竹鼠不能自身合成，需要从饲料中摄取。只要经常喂给植物鲜根，茎及作物籽食，一般不会发生维生素缺乏症。在竹鼠繁殖期，需要补喂些维生素 E，以提高受精率。方法是补喂鲜胡萝卜、玉米籽等，或者将维生素 E 片每天20mg 拌入米饭糠中进行饲喂。

另外，在投喂饲料时要考虑到矿物质的含量。若饲料品种单一，缺钙、磷等矿物质，会引起竹鼠四肢瘫痪。

三、饮水

水是构成竹鼠体细胞和组织的必需成分，营养物质的吸收、运送、代谢的排出、体温的调节等新陈代谢都离不开水。对维持竹鼠的生命来说，水比饲料更为重要。据饲养测定，体重为 1kg的竹鼠，每日基础代谢所损耗的水为 18ml，其中 10ml 通过尿排出，通过皮肤、肺和粪便排出的水分为 3ml、4ml 和 1ml。因此每天需要喂给不少于 20ml 的水，以满足竹鼠的代谢需要。但是竹鼠比较特别，不能直接饮水，而是通过摄取饲料中的水分来满足代谢需要。因此，必须按饲料含水量的多少进行正确搭配，以保证竹鼠不缺水。

第三节　饲料种类

竹鼠为食植物性动物，它的饲料主要是植物性饲料，多为较粗糙、含水分不多的饲料，包括谷物性饲料、果蔬饲料、禾本科草根和茎、竹类等。

一、谷物饲料

含碳水化合物较多，也含有蛋白质、脂肪和维生素，谷物饲料一般约占竹鼠日喂量的10%~20%，不要熟制，生喂就可以，如玉米、红薯、米糠、米饭等。

二、果蔬类饲料

果蔬类含蛋白质、脂肪很少，但含水分、无机盐和各种维生素多，这类饲料有胡萝卜、凉薯、南瓜、苹果等，这类饲料可根据竹鼠日粮搭配的情况，适当进行饲喂。

三、作物秸秆、竹类饲料

含粗纤维和木质较多，对竹鼠胃肠的容积和消化机能有促进作用，是竹鼠的主要饲料，鲜喂如芒草、山姜子、玉米秆、高粱秆、甘蔗根茎、芦苇、竹茎、竹叶、竹笋根、大豆根茎等这类饲料可用到约占竹鼠日粮量的80%~90%。

四、添加性饲料

在母竹鼠哺乳期，特别是哺乳1~30d内，为使母鼠有充足的泌乳，可在米饭拌糠中适当添加奶粉、进口鱼粉、骨粉、葡萄糖粉、地榆叶等物质，同时适当增加含水分的秸秆饲料。公鼠在种期日粮中添加维生素E。

五、竹鼠日粮典型配方

为保证竹鼠生长所需要的多种营养，促使正常生长繁殖，可根据本地饲料来源，进行日粮配合。现介绍几种典型配方：

配方1：成年竹鼠日粮配方：玉米籽50g、甘蔗300~400g（供一只竹鼠饲喂一天的量），或者玉米籽50g、鲜竹200g、米饭拌糠100g。

　　配方 2：哺乳初期日粮配方：玉米籽 50g、米饭拌糠 100g、甘蔗或玉米秆（高粱秆）300g。

　　哺乳后期：玉米籽 80g，米饭拌糠 150g、鲜竹、甘蔗 300 ~ 400g（1 窝 1 天的日粮）。

　　配方 3：配种公鼠日粮配方：胡萝卜 40 ~ 50g，玉米籽 50g，鲜竹或玉米秆等 300g，米饭 100g（内加维生素 E20mg）。

　　配方 4：断奶仔鼠日粮配方：米饭拌糠 10g，玉米籽 7g，甘蔗、嫩竹、高粱秆等 30g（为每只每天喂量）。

　　随着竹鼠体重的增加，饲料量要逐渐增加。

第四节　竹鼠各发育阶段的饲养管理

　　人工饲养竹鼠，饲料完全由人工供给，生活的环境也完全由人为提供。因此，饲养管理得好坏对竹鼠的生命活动、生长繁殖影响极大。进行科学的饲养管理，才能提高竹鼠的生产效益。

一、仔鼠的饲养管理

　　从出生到断乳这一阶段的竹鼠称为仔鼠。仔鼠的特点是各器官发育不全，机能调节差，适应环境能力弱，但生长发育迅速。若饲养管理不当，极易造成死亡，因此，仔鼠的成活率是养殖竹鼠成败的关键，仔鼠的饲养管理，具体抓好以下几点。

1. 营造安静的哺乳护仔环境

产仔舍用纸板全部覆盖，以便母鼠安静带仔哺乳。

2. 仔鼠的生长特点

刚生下的仔鼠，皮肤粉红、光滑、无毛，两眼紧闭，体重约 30g（比野生初生重增加 1 倍），体长 6 ~ 8cm。出生后 7 ~ 8d，仔鼠开始长毛，毛色呈深灰色，体重为 40 ~ 50g；出生后 20d，体重为 100g 左右，开始开食；25 ~ 30 日龄，体重为 150g 左右，开始睁眼，能采食嫩竹笋、玉米籽等，但仍不出窝，还继续吃奶。

3. 检查仔鼠

母鼠产仔后，母性很强，在 1~25d 内不能掀盖或开关池门检查，观看仔鼠。应尽量保持安静隐蔽状态，不要惊动母鼠，进行封闭式饲养，如需要检查，可听仔鼠发出的"咬……咬"的叫声。有叫声，说明仔鼠生长正常；若整天整夜长时期发出叫声，说明母鼠缺乳，应改进母鼠日粮，添加催乳的中草药和增喂含糖分和水分的鲜秸秆。听不到一点吱吱声，说明仔鼠死亡了，一般情况下，母鼠会自动把死仔鼠推到巢外。也可在母鼠出窝活动、采食时迅速检查。检查时勿将异味带到仔鼠身上，否则易出现母鼠弃仔、咬仔和吃仔鼠的现象。

4. 增补营养

仔鼠从出生开食至断乳近两个月的时间内，特别出生初期完全依赖吮食母鼠的乳汁。鼠乳极富于营养，仔鼠食后基本上全被消化吸收，因而生长发育很快。为保证母鼠的泌乳量，除了每天投喂基础日粮外，还应给母鼠饲喂豆浆、奶粉或牛奶，方法是：用消毒牛奶或豆浆或奶粉，加糖后拌入米饭拌糠的食料中投喂。为使母鼠在哺乳期获得充足营养，保证仔鼠健康发育和不缺奶水，应给母鼠每天每只饲喂较充分的含水分和含糖分较高的饲料。同时，要给母鼠补喂榆叶发乳，在拌和的精饲料中添加骨粉、鱼粉（2% 比例），以防母鼠缺乏矿物质而咬死仔鼠。

30 日龄仔鼠睁眼后能跟着母鼠采食，这时喂鲜嫩易消化的嫩竹、草茎、米饭拌糠、玉米籽，可保证母鼠和仔鼠获得足够的营养。

5. 实行代养

母鼠有 4 对乳头，但有的无泌乳机能，大多数母鼠仅能哺育5~6 只仔鼠。若母鼠产仔多、乳汁又不能满足仔鼠正常发育的需要，或者母鼠死亡或母性不强应将部分仔鼠或者全部仔鼠给日龄与代养母鼠所产仔鼠的日龄相近，泌乳充足或产仔少的母鼠代养。在实行代养时，先将代养仔鼠轻轻地放进窝巢里。或者代养母鼠的后腹部，让仔鼠自己爬进代养母鼠腹部内，以防止母鼠咬伤和抛弃代养的仔鼠。若不代养，也可采取人工哺乳。取稀释的消毒牛奶，加糖，冷却至37～38℃，装入眼药水瓶中慢慢喂仔鼠。每天喂4～5次，时间为早晨、中午、下午和晚上10时，原则上以吃饱为止，但不能吃得过多。在一般情况下，由母鼠代养仔鼠的生长发育比人工哺乳的仔鼠要好，成活率高，而且人工哺乳是一项非常麻烦的工作。所以母鼠乳汁不足时，采用人工哺乳仅是一种补充方法，并且最好在不使仔鼠离开母体的条件下喂养。所以，加强怀孕后期和母鼠哺乳期的饲养管理，保证泌乳充足，使仔鼠健康生长发育是关键一环。

6. 断乳

仔鼠60日龄可以断乳并分窝，即可独立生活。过早断奶，影响以后竹鼠的生长。分窝分1～2批进行，每隔3天分一批，先分体质健壮的仔鼠，后分体弱仔鼠。分窝后，仔鼠可以群养。对分后仔鼠，尽量喂给嫩竹根、芦苇根、玉米和米糠拌饭以及奶粉，以利其采食和消化。不要喂得太多，以不剩饲料为准，否则把剩余饲料堆放在一起，容易发霉变质。仔鼠又采食发霉变质饲料，往往会引起肠炎。

7. 防寒保暖

仔鼠出生后体表无毛，体温随着外界温度变化而改变，尤其是出生后5d以内易冻死，因此，在早春和冬季气温较低期间，气温低于15℃以下产仔时，鼠舍要封闭门窗、挂草帘或棉帘，舍内有较高的温度。必要时应采取增温措施，确保仔鼠不受冻害。提高产仔成活率，窝巢内要垫铺干燥、柔软的稻草或杂草，以使窝巢暖和，夏季天气炎热，要做好鼠舍内通风、降温、防暑工作。

8. 清洁卫生

对于产室，在母鼠哺育仔鼠期间不需打扫窝巢内粪便和食物残渣，母鼠会自动推出窝外。把推出窝外的粪便和采食间的食物残渣每天清扫干净，其主要目的是避免母鼠受惊，出现弃仔现象。直到 20~30d 断奶后，才进行一次窝巢清洁大扫除。

二、幼鼠的饲养管理

从离乳后到 3 月龄的竹鼠称为幼鼠，饲养幼鼠要注意以下几点。

1. 合理饲喂

离乳后的幼鼠，新陈代谢旺盛，生长速度快，需要充足的营养，但这时消化机能还较弱，对粗纤维的食物消化率低。因此，投喂幼鼠的饲料要新鲜、易消化、富含营养成分。大多为胡萝卜、竹笋蒂、芦苇根等多汁饲料，以及玉米籽、麦麸、干馒头等精饲料。同时，在日粮中添加少量鱼粉、骨粉等，以提高饲料的利用率，并能促进幼鼠的生长发育。投喂的饲料应保证质量，变质饲料会引起同群发病。食物种类必须保持相对稳定，如有变更，应有过渡适应时间。先加少量新的饲料，以后逐步增加。不要投喂刚洗过或淋雨后未干的果菜类新鲜饲料。也不要投喂坚硬、纤维素较多的竹类及植物茎饲料，因幼鼠采食过多难消化的粗饲料，易引起消化不良，腹压增高，腹壁紧张，粪不成形或排稀粪，病重呼吸急促。如不及时治疗，可在短时内死亡。

幼鼠日采食量为 15~20g，每日投喂 2 次；上午少喂，下午多喂，量略大，因其夜间活动频繁，营养消耗较大，故应于下午多喂饲料。幼鼠生下 3 个月后体重约可达 400~600g 之多。随时按体重增加饲料量和饲喂次数，原则为每餐采食后不余料。

2. 分池饲养

要按幼鼠体重大小、体质强弱分池饲养，每池可养 4~5 只，以使幼鼠吃食均匀，生长发育均衡。对体弱有病的幼鼠，要从鼠群中挑出来，进行单独饲养，以利于弱小幼鼠恢复体质，跟上健壮鼠的生长。

3. 清洁卫生

要保持饲养室、笼舍、池窝的清洁卫生，每天把饲养场舍内的粪便和残食清除干净。垫铺的窝草最好 10～15d 更换一次。

4. 温度调节

注意冬天防风保暖，防止感冒发生。夏天防暑降温，以免出现中暑。

5. 注意驱虫

防止寄生虫相互感染。

三、成年鼠的饲养管理

4～6 月龄的竹鼠称为成年鼠，成年鼠抗病力强，生长发育快，体重已达 1.2～1.5kg。饲养成年鼠要做好以下几项工作。

1. 饲养环境

成年竹鼠对周围环境的变化非常敏感，要求保持饲养环境安静，避免噪音，尽量不让外来人员参观。饲养人员操作要谨慎，不使竹鼠受惊，保证竹鼠迅速生长。

2. 定时投喂

尽量做到定时定量投喂，使竹鼠适应于特定的生活环境。一般早、晚各投喂一次食料。早上少投，晚上多投。日投喂量为每只竹鼠体重的 30%～40%，其中秸秆粗饲料 300～400g，精饲料 50g。对于成年鼠的基础日粮，常年无需变更，若要更换饲料，应该逐渐增加新饲料的数量，同时相应地减少原有饲料的比例，使成年鼠对改变饲料有一个适应过程。

要保持投喂的饲料清洁卫生，不喂被农药污染的秸秆。下雨天采回的饲料及早晨割回的带露水的草茎，应晾干后再喂。高温季节，容易使秸秆粗饲料和果蔬类饲料腐败变质。饲料一旦变质，必须立即停喂。

由于成年鼠牙齿长得很快，需要定期投鲜竹，任其啃咬磨牙。

3. 健康状况检查

（1）看食量：健康的成年鼠，眼睛有神，食欲正常，日采食量为自身体重的30%~40%。

如低于这个数字，是不正常表现。若发现成年鼠无精打采，食欲减退，整天卷睡在池角里不出来活动，可能是患病的表现，应及时找出原因。

（2）看粪便：正常成年鼠的粪便呈粒状，表面光滑、褐色（粪便颜色与所吃食物有关）。如果粪便排量少，形状小，重量轻，不易弄碎，说明患了便秘。如果粪便形状大，不成粒状，含水量多，易碎，肛门周围还沾有稀粪，这是患了肠炎拉稀。有此种情况，除改变投喂的食物外，还要服用痢特灵、土霉素或注射氯霉素。

（3）看尿样：每天打扫卫生时，见到笼、池内尿印明显，微湿，这是正常成年鼠的尿。如果尿浸湿窝草，扫粪不动，则表明饲料水分过高。笼、池内不见尿印，说明饲料水分过低。

（4）看毛色：正常的成年鼠无论是青色、灰色或黄褐色，毛色均光亮。如毛色枯燥、直立不在换毛季节脱毛、背部毛分开时现皮，表明不正常。其原因是：饲料营养成分不全；阳光直射，室内温度超过35℃或低于-5℃；打架斗殴受伤；染上某种疾病等。

（5）看体型：正常的成年鼠体型粗壮，头颈、体一般大，眼小有神，用手抓其皮，紧且有弹性。提起尾巴，后腋饱满，腋下皮不起皱呈红嫩色。若前大后小，皮肤松弛，没有收缩力，两眼陷凹，无精打采，消瘦也是有病的表现，应注意仔细观察。

（6）看牙齿：野生竹鼠由于挖土打洞，牙齿摩擦得锋利洁白，老龄鼠才变黑。家养竹鼠没有打洞的条件，牙齿缺少泥沙的摩擦，各种食物沾染上了牙齿，所以成年鼠的牙齿变成黑红色。如果发现牙齿越来越长，使嘴唇闭不拢，影响采食时而死亡，应用剪刀帮助剪除，或者舍内采食后放竹竿、木棒让其自由啃磨。

（7）看活动：正常的成年鼠行动活泼、雄健，平时喜欢抬头伸脖，"洗脸"，后脚直立攀壁爬杆，寻食争食，咬屎远扔，用草做窝，蜷缩成半圆形，低温争窝，常温嗜睡。如发现反常现象，必须查明原因，对症处理。

（8）听叫声：在饲养管理过程中，当听到"唬唬"的吼声，定是打架斗殴。当听到"嗯……嗯"的低长声，则是受伤严重或其他原因引起的缘故，听到"叽、叽"的叫声时，这是喜添幼仔的表现，应及时做好护理工作。听到"咕、咕、咕"的声音，这是公母鼠在调情。听到似婴儿般的哭声，则是母鼠发情求偶。如叫声音调低而转弯，证明竹鼠正在交配。

4. 降温防暑

夏季当饲养室温度达到 35℃ 以上，室内通风又不良，饲料中水分不足时，个体肥壮的成年鼠极易发生中暑死亡。因此，气温高达 35℃ 时应采取降温消暑措施。

（1）增喂多汁饲料。竹鼠夏季中暑死亡多因缺水作为诱因，而竹鼠本身无饮水习惯。所以为了补充水分，在投喂的粗饲料中，鲜玉米秆、高粱秆、凉薯等多汁饲料应占 50%，每只成年鼠每天不少于 20ml 含水分量的食物，投喂的次数由每天 2 次增加至 3 次。

（2）降低饲养密度。小池饲养成年鼠不超过 2 只，中池饲养的，不超过 5 只，要防止晚上竹鼠拥挤而死亡。

（3）搭棚遮阴。建池饲养的，在屋顶地面饲养夏天要搭棚遮阴。棚楔上再搭架种瓜或葡萄，以减少阳光直射。在室内饲养的，白天放下帘，防止阳光晒到鼠池，若放窗帘后，室内闷热，要用电扇降温。但竹鼠又怕风、电风扇不直接吹到其身上，应让风吹到墙上，促使室内空气流通降温。晚上要开门、掀开窗帘，让空气对流降温。

（4）浇水降温。要在池里垫细沙，厚 15cm 左右。每天在细沙上浇 3～4 次凉水。一次浇水不宜太多，以地面湿而不积水为宜。

（5）及时抢救。如出现中暑现象较轻微，山区农村饲养成年鼠，可补喂金银花藤、茅草根、嫩竹叶和大青叶等清热解毒药物作饲料。中暑严重者还可用湿沙将其全身埋住，只露出鼻子和眼睛。或凉水直冲鼠的头部及全身，或肌注强心剂和安乃近。

5. 保暖防冻

竹鼠怕冷，易患肠炎而死亡。秋冬季节要防止冷风直吹进窝室。当气温下降至10℃，窝室内要加垫草以保温，且要勤换，同时保持垫草干燥，直到次年春季。当气温上升到20℃时，方可少垫窝草。

6. 清洁卫生

要保持饲养室、池窝的清洁卫生，要求饲养人员每天清扫残食。定期消毒清洗食盆器。清扫粪便，要定期对饲养池进行消毒，垫铺的窝草要经常更换。一旦发现病鼠，要隔离治疗。

四、种鼠的饲养管理

1. 种公鼠的饲养管理

种公鼠饲养得好坏，对提高竹鼠后代的鼠群质量有很大的影响。

（1）对种公鼠的要求

作为优良种公鼠，要求发育良好，体重在 1～1.5kg 以上，鼠背平直，体格健壮，不肥不瘦，睾丸显著，性欲旺盛，耐粗饲，不打架，交配动作快，精液品质优良，对于性欲差、不爬跨母鼠、精液品质差的公鼠应予淘汰，作为商品鼠处理。8～10月龄的竹鼠才能进行交配和繁殖后代。

（2）饲料营养全面

饲养好种公鼠的目的，是为了配种和提高授精能力。而种公鼠的配种和受精能力首先取决于精液的数量和质量，精液的质量又与营养有着密切关系，尤其是与蛋白质、维生素和矿物质关系甚大。因此，对种公鼠投喂的饲料力求营养全面，但不能喂得过肥，应保持繁殖体况。肥胖公鼠容易失去配种能力。投喂种公鼠的青粗饲料有冬芒草、象草、甜高粱秆、玉米秆、嫩竹竿、米糠、甘蔗、甘蔗根、胡萝卜等。

在配种期间，由于公鼠性欲增加，活动激烈，营养消耗大，每天投喂的日粮中应含有足够的蛋白质，维生素 A 和维生素 B_1、B_2，以及维生素 E，烟碱、矿物质。日喂食 2 次。

（3）配种强度

种公鼠的配种强度应适当，每日 1~2 次，最多不能超过 4 次，配种负担重或配种频率过高，持续时间又长，就会造成公鼠性欲减退、精液品质下降，从而影响配种效果。

（4）配种时间

一般春、秋两季气温适宜，种公鼠性欲最旺盛，精液品质也好。母鼠每次发情期为 1~3d。夏季气温高，种公鼠性欲低下，其射精量和精液浓度下降，常出现不孕现象，因此夏季有 2 个月的时间不能配种繁殖。如果夏季需要进行配种，必要采取防暑措施，营造好的环境，保持舍温 20~30℃，否则不能正常繁殖。

种公鼠的性活动，多在夜间最强烈。所以晚上进行配种是比较合理的。

（5）配种比例

一般公、母数量的配比以 1:2 为较好，最多不超过 1:3。竹鼠性情凶猛，择偶性较强，在配种时应注意观察。如发现拼搏撕咬，应立即分开。竹鼠一般都能自然交配。还应注意不能近亲繁殖，以免影响后代生长发育。

（6）病情检查

配种期要经常检查种公鼠的生殖器官，有炎症或其他疾病的，要停止配种，及时治疗，待痊愈后再参加配种。另外做好种公鼠配种记录，记录受精率、产仔数和生长情况，以便评定种公鼠的好坏。对于生产性能好的种公鼠，则要加强饲养管理，以获得更多的优良后代。

2. 种母鼠的饲养管理

对种母鼠的要求是产仔率高、母性强、采食能力强、体重在1.2kg 以上。种母鼠的好坏，直接关系到产仔数和产仔质量。种母鼠在生理上有休情期（空怀期）、怀孕期、哺乳期 3 个阶段。在饲养管理方面，应根据这三个阶段的特点进行科学的饲养管理。

（1）休情期

母鼠在休情期间，保持一般饲养管理水平，不能养得过肥或过瘦，否则，容易不育。为使其正常发情、排卵和受孕，此期应以青粗饲料为主，适当搭配少量精饲料，使其保持中等肥度。

（2）怀孕期

母鼠怀孕期约 50~60d，在母鼠怀孕期，不仅自身新陈代谢需要营养，而且还要满足胎儿生长发育所需的营养；怀孕后期还要为泌乳作准备。因此，怀孕期母鼠的饲养要保证一定的蛋白质、钙和磷等多种矿物质和微量元素。同时，投喂的饲料要新鲜、干净、多样化，并保持相对稳定，不能突然变动和投喂霉烂、含水量过多的饲料，以防造成拒食、下痢、流产、死胎、缺乳等不良后果。

母鼠怀孕后嗜睡，性温驯，要及时将公鼠分笼、分池，把母鼠单独饲养。要保持环境安静、舒适、注意防止受惊，饲养人员操作要轻稳，不要在场内乱窜、喧哗，并谢绝外来人员参观。严禁换舍和捉拿、运输，以免引起流产。经常保持舍内有清洁，干燥细软的垫草。

（3）哺乳期

母鼠分娩到仔鼠断乳这一段时期为哺乳期。哺乳期间的饲养管理工作是保证母鼠健康和仔鼠正常生长发育。

①仔鼠的生长发育和健康，完全取决于母鼠的泌乳量和品质。据观察，母鼠每天的泌乳量在 100mg 以上，足以满足仔鼠一

天的需乳量。鼠乳的营养价值很高，所含营养成分几乎和羊奶差不多，为确保仔鼠健全发育，使母鼠不缺奶水，在整个哺乳期都要给母鼠投喂富含蛋白质、维生素及矿物质的饲料，并适当增加饲料量。同时到哺乳后期每天还应适当加喂少量牛奶或奶粉或豆浆，以增加母鼠的泌乳量。

②有些母鼠，分娩后 48h 发生吃仔、咬仔或扒死仔的现象。产生这种恶癖的原因，主要是分娩时人用手摸仔鼠，或分娩后缺食、缺水、缺乳，或窝室内不干净，有异常气味，或分娩时受惊等。若母鼠一旦养成了吃仔的习惯，其恶癖就难改掉。因此，在饲养母鼠过程中要注意：分娩时人不能在旁观看和用手去摸；保持环境安静；分娩后要投喂足够的食物，并适当给予多汁饲料，矿物质和维生素拌在精饲料中投喂；窝室要保持清洁干净；对已有恶癖又确实难改的母鼠，应予淘汰。

③在哺乳期，每天早晨观察母鼠粪便、尿样、食欲、哺乳、仔鼠生长等情况。若发现母鼠吃食不多，或窝室粪便很多，或窝室内流出大量的尿水和死亡的仔鼠时，则应检查母鼠奶水是否不足或过多，或有无乳房炎、或患痢疾、肠胃等疾病，并及时对症处理和医治。否则母鼠很难哺育好仔鼠。

④在哺乳期内，哺乳母鼠的窝室谢绝让人参观，不用打扫卫生，相邻窝池的竹鼠不能人为刺激发出凶猛的叫声，以免惊扰母鼠而咬死仔鼠。一般母鼠会自动到投料、活动室内采食。至于窝室内的粪便和残食，母鼠也会自动推出室外。窝室的清洁卫生可在仔鼠满 20 日龄后进行清扫。

⑤根据当地的气候特点，应相应调节好哺乳母鼠房舍的温度。一般舍温保持在 8 ~ 27℃，夏季气温超过 30℃又特别闷热时，要用电扇吹风。冬季舍温不能低于 5℃，最好保持在 15℃左右，特别是季节更替时要防止贼风侵袭窝室，因贼风不仅影响母鼠、仔鼠正常生长发育，还会引起各种疾病。

第六章　常见疾病的预防与治疗

第一节　卫生防疫要求

疾病预防主要是消灭传染源，切断传播途径，保护易感动物，是保障动物安全的有效措施，恶劣的卫生条件是引起疾病的重要因素。如饲养密度过大，舍内潮湿，阴冷通风放气不良，粪便不及时清除，饲料霉变都是导致竹鼠发病的诱因。所以竹鼠饲养场应制定一个有效的综合防疫规程，就是要实行严格消毒，保持食、舍洁净，注意引种安全，加强饲养管理，提高免疫力，搞好药物预防。

一、严格消毒

众所周知，动物传染病严重危害养殖业生产，不仅引起大批死亡，影响养殖业经济效益，还有一些人畜共患疾病严重威胁人民身体健康，影响公共卫生。任何动物传染病的流行必须具备三个基本环节——传染源、传染途径、易感动物群。兽医消毒的目的是消除传染源，即把病鼠通过粪、尿及分泌物排出到外界环境中的病源微生物杀死，从而切断流行过程的连续性，阻止动物传染病的传播。这是预防兽医学的主要内容之一。目前，临床上使用的消毒剂有醛类、碱类、过氧化合物类、含氯类、酚类、季铵类、碘及含碘类等。应根据各类消毒剂的特点、适用范围、消毒对象、微生物的抵抗力来合理选择消毒剂。原则应是高效、广谱、低毒、低残留、作用迅速、价格合理。养殖场门前有消毒池，来场人员、车辆经消毒后方可进入，饲养员进入鼠舍要更换工作服和鞋，用消毒液洗手后才能工作。并搞好平时定期消毒，机动掌握随时消毒。

二、搞好食、舍洁净

饲料要新鲜多样，坚持不喂湿水未干或带露水的草料，不喂农药污染和发霉腐败的食物。同时每天消除粪便和残食、污物等须堆集在鼠外围的偏僻处，让其发酵，以便杀死细菌及寄生虫。每周更换一次垫草，保持舍室内清洁、干燥、透气，注意防雨、防风、降温、降湿、保温。防止采食被污染的饲料和天气突变造成疾病发生。

三、加强饲养管理，提高免疫力

加强饲养管理，提高免疫力是减少竹鼠疾病的重要措施之一，要求饲养员每天要仔细观察竹鼠的粪便、采食量、精神状态有无异常，如出现变化应请兽医处理，发现疾病隔离治疗，专人饲养护理。对死尸应转移场外远离居民区、水源地深埋或烧毁，对被污染的场地、笼舍、用具及时消毒。另外应根据不同的生长阶段所需营养配给日粮，使其增强体质，提高抗病力。

四、免疫接种及药物预防

竹鼠是近几年才进行驯养成功的一种经济动物。很多部门的专家学者对其组织结构、生理指标、疾病发生与治疗进行过探讨与研究，但疫苗接种预防疾病，在现阶段还没有单纯的疫苗或菌苗，根据湖南双牌县竹鼠研究所试验情况看，试用生猪的猪瘟弱毒苗、巴氏杆菌弱毒苗、仔猪副伤寒疫苗来预防竹鼠同类疾病，无副作用和不良反应。另外就是在某些疾病流行季节来临之前和竹鼠根据不同生长时期易发某种病，有针对性地选用安全有效药物加入饲料中，进行全体预防或治疗，并在春、秋两季做好体内、外驱虫工作。

第二节 常见疾病的防治

家养竹鼠一般不易患病，但由于场舍、设备、环境条件不适宜，或受冷、惊吓、饲料腐败变质、营养失调、饲养管理不当，往往造成疾病发生，常见疾病主要有以下几种。

一、胃肠炎

1. 概述

胃肠炎是胃肠粘膜层组织重剧炎症。临床上以严重的胃肠机能障碍和伴发不同程度的自体中毒为特征。

2. 病因

发病主要原因是由于喂给腐败变质、发霉、不清洁或冰冻饲料，或误食有毒植物以及化学药物，或暴食刺激胃肠所致。

3. 症状

病鼠表现精神沉郁，步态摇晃，减食或者不食。排出的粪便呈黄绿色带血或白色胶冻样，后肢、尾及肛门周围玷污。夜间在窝室内呻吟，严重的日渐消瘦，最后无力、惊厥、脱水虚弱而死。

4. 防治措施

（1）预防。严禁喂变质和有刺激性的饲料，定时定量喂食，鼠舍保障清洁、卫生、干燥。

（2）治疗。发现病鼠及时隔离治疗，抑菌消炎是根本，可用黄连素、土霉素、庆大霉素、喹诺酮类等药物口服。

根据具体情况，用人工盐缓泻，用木炭末或矽炭银片等止泻。脱水、自体中毒、心力衰竭等是急性胃肠炎的直接致死因素，因此，施行补液、解毒、强心是治疗胃肠炎的三项关键措施。因鼠类静脉注射有困难，可施行腹腔注射和口腔注射器灌服。

二、肺炎

1. 概述

肺炎是理化因素或者生物学因素刺激肺组织引起肺部炎症。

2. 病因

主要因饲养管理不当，受寒感冒，物理和化学因素的刺激，长途运输，气候骤变和大雨浇淋等是引发竹鼠肺炎的主要原因；由于在采食过程中打架或灌药不慎而使药物误入气管，也可导致异物性肺炎。

3. 症状

病鼠精神沉郁，呼吸困难，体温升高，食欲废绝，蜷缩舍内。病初表现为干短带痛的咳嗽表现，流清鼻涕，继而为湿长的咳嗽，流脓性鼻涕，眼结膜潮红，如不及时治疗，一般在 2 ~ 3d 死亡。

4. 防治措施

（1）预防。加强饲养管理，搞好舍内外环境卫生，以增强鼠体的抵抗力。

（2）治疗。主要是消炎，止咳，制止渗出，促进吸收与排出以及对症疗法，同时应改进营养，加强护理。

消除炎症可用抗生素类药，在条件允许的情况下可进行药敏试验后再选择最佳药物。临床上硫酸庆大霉素、卡那霉素消炎效果均可，去痰可口服氯化铵，频发痛咳可用磷酸可待因，都有利于制止渗出和促进吸收。

三、乳房炎

1. 概述

鼠的乳房炎是哺乳母鼠的一种较为常见的疾病。

2. 病因

主要由于鼠类动物是地上爬行动物，母鼠怀孕后腹部下垂，尤其是经产母鼠的乳头几乎接近地面，因此，经常与地面摩擦受压而受到损伤，或因仔鼠吮乳而咬伤乳头，或因鼠舍潮湿，天气过冷，又在哺乳阶段，乳房暴露在外被冻伤以及窝巢垫料材料粗糙等原因，为微生物的侵入创造了条件。常见的细菌有化脓杆菌、葡萄球菌等。另外还有母鼠产仔后仔鼠死亡，无仔鼠哺乳，或断乳后喂给大量蛋白质饲料和多汁饲料，造成乳汁分泌旺盛，乳房内乳汁积滞，也常引起乳房炎。

3. 症状

患病乳区急性肿胀，皮肤发红，触诊乳房有痛感，乳汁排出不畅或困难，泌乳减少和停止，此时仔鼠在巢舍内爬出，并发出叽叽叫声，母鼠体温升高，食欲减退。慢性的出现患部组织弹性降低，泌乳量减少，挤出乳汁变稠并带黄色，有时由于结缔组织增生，丧失泌乳能力。

4. 防治措施

（1）卫生预防。合理设计分娩舍（笼），减少机械性损伤乳房炎的发生。对分娩鼠产前，产后新给的垫料，每次都应选择柔软性能强的，发现铁钉、玻璃应及时清除，并将舍内排泄物及时清除。

（2）药物预防。在养殖场地条件不好的情况下，药物预防可减少乳房炎的发生。常用的药物有甲氧苄氨嘧啶、磺胺二甲基嘧啶、磺胺噻唑等，在临床中根据母鼠体重，药物用量按说明掌握使用。

（3）局部疗法。临床可采用乳房基部周围封闭疗法，常用青霉素溶于 $0.25\% \sim 0.5\%$ 的普鲁卡因溶液中，作乳房基部环行封闭，每日 $1 \sim 2$ 次。另外就是局部刺激法，选用樟脑软膏、鱼石脂软膏，待乳房洗净擦干后，将药涂擦于乳房患部皮肤，也可用 $2\% \sim 5\%$ 的氨水拌深层黄泥加水呈浆糊状涂患部，每日 $1 \sim 2$ 次。

（4）全身疗法。对那些出现全身症状明显的竹鼠，可以青霉素与链霉素，或青霉素与新霉素的联合疗法或四环素疗法，效果都较好。

另外，对化脓性乳房炎，可行切开排脓、冲洗等一般外科处理。

四、口腔炎

1. 概述

口腔炎是口腔黏膜的炎症。由于口腔黏膜发炎疼痛，表现出采食困难，并反射性引起流涎及消化障碍。

2. 病因

口腔炎主要由于机械损伤，其次是化学性和物理性刺激而引起。

机械损伤：如粗硬饲料，异物（铁钉、玻璃），特别是驯养的竹鼠，长期没有啃咬秸秆类饲料，牙齿生长特别快，擦伤口腔黏膜引起损伤。

化学性刺激：主要在舍（笼）消毒，消毒药水浓度掌握不当，或采食了有毒植物、霉败饲料或口服刺激性、腐败性药物（如水合氯醛、冰醋酸等浓度过高时）等。

物理性刺激：如在饥饿时突喂过热的饲料，或在用开水溶解药物进行灌服的过程造成损伤。

此外，也继发于消化障碍、咽炎、维生素 A 缺乏症的病程中。

3. 症状

病鼠口腔黏膜敏感性增高，因而采食缓慢或不吃，围着食盆转，想吃但不敢吃，由于炎症的刺激，唾液分泌增多，常有大量唾液流出。

口温增高，黏膜潮红、肿胀，并有恶臭气味，如造成大面积溃疡，会引发口腔黏膜疼痛，此时不愿吃食，拌有消化不良的表现。有时还可见到齿龈出血，牙齿动摇或脱落。

4. 防治措施

（1）预防：合理调制饲料，及时修整锐齿，防止误食毒物以及对口腔黏膜的机械性或理化性损伤。

治疗原则应以除去病因，加强护理，消炎止痛，收敛为主。

（2）治疗方法：首先除去致病因素，如拔去刺在口腔黏膜上的异物，修整锐齿等。在护理上应给予柔软易消化的饲料。

（3）药物治疗，可用1%~2%盐水，2%~3%的硼酸溶液，2%~3%碳酸氢钠溶液，0.1%高锰酸钾溶液等冲洗口腔。流涎多的可用2%明矾水冲洗。

当有溃疡时，除上述冲洗外，可在溃疡面上涂碘甘油或3%龙胆紫液。

五、感冒

1. 概述

感冒是竹鼠受风寒侵袭而引起，以流清涕、羞明流泪，呼吸增快为特征。

2. 病因

正常情况下，竹鼠跟其他动物同样有三大防御疾病功能，当由于营养不良、出汗和受寒，鼠体抵抗力下降时，则防御机能降低，寄生于其上的常在微生物大量繁殖而导致感冒发生。

3. 症状

病鼠体温升高，精神萎缩，低头，嗜睡或蜷缩巢舍，眼结膜潮红，羞明、流泪、咳嗽、呼吸加快。病初流清涕，以后变为黏性和脓性，并有鼻塞音（咕咕音）出现。

食欲减退或废绝，鼻镜干燥、粪干，有时出现便秘，若不及时治疗，容易并发肺炎。

4. 防治措施

（1）预防。加强饲养管理，防止受寒。特别在早春和严冬免受寒冷和风雨侵袭。舍内要适当增加褥草保暖。

（2）治疗：本病治疗以解热镇痛为主，有合并症时，可适当抗菌消炎。

注射用药常用安乃近、复方安基比林，口服常用板蓝根、正大柴胡、扑热息痛等。

病情较重或有合并感染时，可用抗生素类（如青霉素、链霉素、四环素）或磺胺类（如磺胺嘧啶钠等），可按体重及药物用量选用。

六、中暑

1. 概述

中暑又称日射病与热射病，常发生在炎热夏季。临床上头部受到日光直射而引起发病称日射病。外界环境潮湿闷热，舍内通风不良，新陈代谢旺盛，产热与散热失调，体热不能放散而蓄积于体内称热射病。竹鼠家庭饲养均以热射病多发。

2. 病因

主要由于鼠舍内气温过高，鼠场内又无防暑降温设备，防暑措施采取不当，夏季运输防暑措施不力，湿度大，饲料中水分又不足，促进了本病发生。

3. 症状

患鼠精神沉郁，四肢无力，步态不稳，皮肤干燥，体温升高，呼吸迫促，黏膜潮红或发紫，心跳加快，狂躁不安。特别严重者，精神极度沉郁，迅速发展呈昏迷状态，最后痉挛而死亡。

4. 防治措施

（1）预防。炎热夏季，应注意防暑降温，并多喂含水分高的青饲料。在运输途中，须有遮阳设施，注意通风，不要过分拥挤。

（2）治疗。发病后，立即将病鼠转移到阴凉通风的地方。保持安静，并用冷水泼洒头部及全身，有条件的情况下最好用冰块敷头颈部，或尾部放血。

药物可使用氯丙嗪、安钠咖，为防止肺水肿，可用地塞米松（根据体重，按药物说明使用剂量）。

七、脓肿

1. 概述

在组织或器官内形成外有脓肿膜包裹，内有脓汁潴留的局限性脓腔时称为脓肿。

2. 病因

多发生于竹鼠配种季节，公母鼠互相咬斗，或竹鼠混群饲养，相互斗咬致伤而被一些致病菌感染，或注射时不遵守无菌操作规程而引起的注射部位出现无菌性脓肿。

3. 症状

常在竹鼠头部、口腔、颈部、背部见到肿块，触诊外硬内软，还常见到咬伤部位出血、破损、伴有疼痛表现。口腔咬伤表现为拒食，有时虽体表面创伤很少，但往往皮下大面积化脓，形成脓肿，最后破溃，流出脓汁。若不及时治疗，会引起脓毒败血症。

4. 防治措施

治疗原则为消炎止痛，排出脓汁，增强机体抵抗力。

（1）预防：配种时饲养人员不能远离，如出现咬斗应马上将公鼠或者母鼠分开，避免出现受伤。

（2）治疗：如果咬伤创伤较轻，应立即作外科处理，不让其进一步恶化。如有脓肿，局部涂擦樟脑软膏，或用冷疗法（用复方醋酸铅溶液冷敷和鱼石脂酒精、桅子酒精冷敷）以控制炎症渗出，并具有止痛作用。在搞好局部治疗的同时，可根据病鼠情况配合应用抗生素，磺胺类药物进行对症疗法。

脓肿成熟触压有波动后应立即切开，在切开前先剪毛消毒，再用粗针头排出一部分，其目的是防止内压过大脓汁向外喷射，将脓汁排尽后，创口再作处理。

八、鼠虱病

1. 概述

鼠虱是寄生在鼠体表并以吸取血液为生的一种外寄生虫。

2. 病原

寄生竹鼠的虱主要为大栉头虱，是一种无翅的吸血昆虫。虱在竹鼠的毛丛中和窝巢垫草内产卵和发育，卵光滑易落入池缝中或地面上，发育成幼虫后，再爬到鼠身上过营寄生生活。

3. 症状

在鼠的腋下、大腿内侧较多见，由于虱的叮蛟、吸血，病鼠出现瘙痒、不安，食欲减退，营养不良和消瘦。有时皮肤出现小点结节，小出血点，甚至坏死。痒感剧烈时还会寻找各种物体进行摩擦，造成皮肤损伤，可继发细菌感染和伤口蛆症等。甚至引起化脓性皮肤炎，皮毛脱落，消瘦，发育不良等。

4. 预防措施

（1）预防：经常性保持舍内卫生，每天的粪便，残食，多余垫草应清除，并间断式用 0.5%～1% 的敌百虫喷洒地面和鼠身。

（2）治疗：如果出现鼠虱可用 0.5%～1% 的敌百虫溶液药浴。或用 0.5% 蝇毒磷药粉装在纱布袋内往鼠全身毛丛中撒布，一周后重复用药一次，可控制虱病。

第七章 毛皮处理与加工

竹鼠的毛皮处理与加工是一项较复杂的技术性很强的工作，大体工序为屠宰→剥皮→刮油→洗皮→上楦和干燥→贮存。

第一节 取皮时间

竹鼠成年最大体重可达4kg，一般饲养至体重1.5～2kg以上时即可出栏屠宰取皮。竹鼠皮一年四季都有使用价值，但以冬季毛皮质量最佳。毛皮成熟度的主要特征是全身毛峰长齐、绒毛紧密适中、蓬松、色泽光亮、口吹风能见到皮肤，风停毛绒即能迅速恢复，竹鼠活动时周身"裂纹"现象比较明显，皮板质量好。取皮时间一般在11月下旬至翌年2月为宜，皮形应完整，保持耳、鼻、尾、四肢的完整性。

第二节 屠　宰

处死竹鼠的方法很多，处死时应注意不要损坏毛皮而影响质量，常用的方法有以下几种。

一、水淹法

将毛皮已经成熟的竹鼠密集地装进一个使其无法活动的铁笼里，紧闭笼门后浸入水中，10min后竹鼠全部淹死，然后取出将其尸体倒挂在遮阴通风处，待绒毛晾干后即可剥皮。

二、电击法

将竹鼠投入电网内，然后接通电源通电，1min 左右即可杀死网内所有待杀竹鼠。竹鼠被电死后，关闭电源，取出尸体，再倒挂起来。此法适用于大规模屠杀用，但必须注意安全。

三、颈椎折断法

捉住竹鼠，用右手将竹鼠的头向后背方向屈曲，再用力向前方推，使第一颈椎与头部脱节，听到清脆的颈椎骨折断声，竹鼠即由断颈很快死亡。此法操作简单易掌握，并对毛皮质量无损害，但竹鼠很凶猛，弄不好手会被咬伤，务必注意安全。

四、药物致死法

一般用横纹肌松弛药司可林处死。剂量为 1mg/kg 体重，皮下或者肌肉注射，3～5min 内竹鼠死亡。死前无痛苦和挣扎，因此不影响毛皮质量，残留在体内的药物对人体亦无毒性，所以也不影响鼠肉的利用。

五、心脏注射空气法

先将竹鼠保定好，再用注射器抽空气 3～5ml，迫死竹鼠死亡，但此方法较麻烦，往往存在安全隐患，再就是注射部位不准，还不能达到致死目的，所以此法一般不提倡。

第三节　取　皮

竹鼠被处死后，不要停放过久，待尸体还尚有一定温度时剥皮，较易剥离。竹鼠皮的剥离，需用圆筒式剥皮法，先将两后肢固定，用挑刀从后肢肘关节处下刀，沿股内侧背腹部通过肛门前缘挑至另一后肢肘关节处，然后从尾的中线挑至肛门后缘，再将肛门两则的皮挑开，剥皮时，先剥离后臀部，然后从后臀部向头部方向做筒状翻剥，剥到头部时要注意用力均匀，不能用力过大，保持皮张完整，不要损伤皮质层，最后用剪刀将头尾附着的残肉剪掉。

在整个剥皮过程中，在皮板上或者手上不断撒些末屑，以防止鼠肉及油脂污染毛绒。剥皮过程中下刀须小心，用力平稳以防将皮割破。

第四节　皮的初加工

为有利竹鼠皮的保存和销售，在竹鼠皮剥离后，如皮板上还带有油脂，血迹或残肉等，应刮净，若不刮除干净会影响贮存和鞣制。

一、刮油

刮油时把头部放在剥皮板上，刮油用力要均匀，持刀要平稳，以刮净残肉、结缔组织和脂肪为原则。初刮油者刀要钝些，由尾向头部方向逐渐向前推进，刮至耳根为止，刮时皮张要伸展，边刮边用木屑搓洗鼠皮和手指，以防油脂污染毛皮，刮至竹鼠乳头和雄鼠生殖器时，用力要轻以防止刮破，头部残肉不易刮掉时，可用剪刀将肌肉和结缔组织剪掉。

二、洗皮

刮完油脂的竹鼠皮要洗皮，可用类似米粒大小的硬木屑（锯末）洗。洗净皮上的油脂和其他污物，洗皮的木屑一律过筛，用太细的木屑会粘住毛绒而影响毛皮质量。注意千万不能用松木或者带树脂树的锯末屑，因这些树脂对毛皮都有影响。

三、上楦和干燥

洗好的竹鼠毛皮要及时上楦固定，上楦板时先将头部固定在楦板上，然后均匀地向后拉上皮张，使皮张充分伸延后，再把眼、鼻四肢、尾等各部位摆正。各部位摆正后，在皮板周围钉上小钉，使其固定下来。

上好楦板的皮张，即可进行干燥，干燥的方法有两种，一是将其悬挂在通风处，自然阴干 3 ~ 4d，切忌太阳暴晒。二是采取烘干方法，在房间内放一火炉，保持室温 18 ~ 22℃，经 8 ~ 10h 左右，皮张干燥到 6 ~ 7 成时，将毛面翻出，变成皮板朝里，毛朝外再干燥，再干燥过程中要注意翻板及时，严防温度过高，以防止毛峰弯曲而影响毛皮的美观。

皮张干燥到含水量为 13% ~ 15% 时即可下楦板，皮张含水量超过 15%，在南方保存时容易发霉。下楦后的皮张再用锯末与漂白粉混合撒在毛皮上，轻轻搓擦毛皮，以清除油脂污物，最后用刷子轻刷，抖干净锯末，包装贮存在干燥、凉爽处待上市销售。

第五节　贮存和运输

一、贮存

干燥后的竹鼠皮应按商品要求分等级包装贮存在干燥、凉爽处，根据大小每 10 张或 50 张捆成一捆，每捆两道绳，然后装入木箱或硬纸箱或清洁的麻袋里，并撒入一定数量的品醛防虫剂，并在箱或袋上注明品种、等级和重量，然后入库贮存，贮存的仓库要求温度 5 ~ 25℃，相对湿度为 60% ~ 70%。

二、运输

竹鼠皮若要公路运输，必须备有防雨防雪设备，以免遭受雨雪淋湿，另外，凡需长途运输，必须向兽医部门申请检疫，通过消毒后方能运输，以防皮张带菌传播。

第六节　收购等级标准

鉴别竹鼠皮品质好坏，主要以毛绒丰密、皮形完整和冬季产的质量为好，夏季产的毛绒显稀薄，色泽暗淡，皮板薄，质量差。

一等：毛绒丰厚，呈灰白色，色泽光润，板质良好。

二等：毛绒空疏或短薄，色泽发暗。

等外：不符合等内要求的皮为等外皮。

第八章 运输与检疫

竹鼠种源的交流，异地供应市场的竹鼠，都需要进行活鼠的长途运输。若没有合适的运输工具或运输途中管理不当，都会直接影响到竹鼠的健康水平和成活率，会给养殖专业户造成严重经济损失。

第一节 运输时间和运输工具

一、运输时间

适宜竹鼠运输的时间为春、秋及初冬季节，此时气温舒适，若在 7~8 月份高温季节，特别是在气温超过 35℃时，不适宜竹鼠的长途运输，在这个季节时段往往会引起竹鼠中暑、死亡。竹鼠也怕冷，在早春和严冬气温低于 0℃ 以下时，也不宜长途运输，因易受寒冷引起感冒或冻死。如果在冬天运输，必须做好防寒保暖工作。除此之外，风直吹，路面不平出现颠簸、车子鸣叫都有影响，须在运输时注意防范。

二、运输笼具

竹鼠咬肌发达，牙齿锋利，喜啃咬东西，因而运输笼具须为金属结构，如用木制运输笼或竹制笼或纸箱作运输工具，可能会导致咬坏，竹鼠中途逃离。批量引种时，可事先用 14 号线的镀锌焊接网制做运输笼，其规格为 90cm×60cm×25cm，每只运输笼可装 1~2kg 重的竹鼠 8~10 只。竹鼠应是已经合群饲养一段时间的，以免在运输途中咬架斗殴。这种规格笼，竹鼠能活动，能在笼内吃食，通风透气好，堆压负重能力强，不会发生意外。如果在原地合群不好，为有效地防止竹鼠咬架，可采用钢筋焊接，铁丝网或眼子铁皮做成双层运输铁笼，其规格为 60cm × 23cm × 23cm，分上下两层，每层用薄铁皮分隔成 5 小笼，规格为 12.5cm × 11.5cm × 11.5cm，每小笼装 1 只竹鼠，可共装 10 只（图 7）。

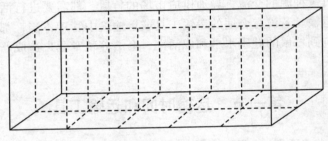

图 7　双层运输铁笼

第二节　运输途中的管理

竹鼠应以最快的速度运到目的地，尽量减少中间运输环节，精心管理，发生问题及时处理，为顺利完成运输任务须做好如下工作：

一、运输前的准备

运输前，首先要检查待装鼠是否健壮，健康竹鼠皮毛应有光泽，行动活泼。凡有伤残的神态迟钝、眼睛有眼屎，尾部被毛湿润，肛门周围玷污，皮毛无光泽，身体干瘦等的竹鼠均不能外运，因这些竹鼠在运输途中极易因震动、挤压和闷热或寒冷而死亡。

在运输前，给竹鼠适当喂饱，并在运输笼内铺上稻草。根据运输途中的远近，距离远须 10h 以上才能到达目的地应在笼内放些含水量略高的甘蔗或甘薯、西瓜皮让其在途中采食，然后将竹鼠放入关好笼门。

二、运输方式

若由飞机或火车托运，应在运输笼底部垫放用硬纸板做成的托盘，便于竹鼠的粪尿、残食落入，以防玷污机舱和车厢，笼顶上铺一张塑料编织袋片，袋片上剪若干个洞，便于透气，装好竹鼠后用打包带捆好，即可运至机场或车站托运。

若用汽车运输，则车上应安装车篷，以避免风吹、日晒和雨淋。鼠笼装放平稳，一笼压一笼，然后用铁丝或绳子将笼子与车体一起固定牢，以防运输途中颠簸造成笼子翻倒，如长途运输还要备好途中饲料，在途中每天早晚各喂料一次。途中停车休息时，要把篷布掀开，以利通风透气，并检查竹鼠的食欲和精神状况，发现问题及时处理。

若用长途客车运输，应将运输笼放在坐凳下或放在驾驶室空余地方，要防止运输笼钩伤脚趾和笼的出气孔被堵塞。尽量不要将运输笼放在客车顶上，因客车在行驶时车速快，风大直吹，易造成竹鼠死亡。

三、注意事项

（1）为保证运输安全，还应准备一些常用的应急药物如消炎、防暑、外伤等药物，以便使用。

（2）到了目的地后，从笼内取出竹鼠时，如果竹鼠的趾抓住铁笼不放，不能用力拉扯，而应用嘴向竹鼠身上吹风，因竹鼠怕风，会自动放松。

（3）饲料应按原场的饲料投放，不要突然改变，长途运输后适当增加易消化的多汁饲料。

第三节　检　疫

凡是从甲地把竹鼠运往乙地前，必须由当地兽医部门对竹鼠进行防疫检查。

国内竹鼠的引种，要经防疫站或兽医站或畜牧站进行检疫工作。经过检疫合格后，认真填写运输检疫证明，方可发运，否则不准装车运输。

往国外出口竹鼠，要经林业部门和动物检疫部门的批准和办理检疫手续，同时还要办理海关的检疫手续。进口时同样有这些手续，并且到达目的地后，定点隔离检疫观察45d以上，如无疫病才能分散种鼠。

因检疫不严，造成的疫病和传染病蔓延，责任由检疫部门负责。若不经检疫，非法进行运输，造成疫病或传染病蔓延，将由运输者负责。

供种场家运往饲养场家，由运输者负责运输途中安全，当竹鼠运抵饲养场和饲养户时，应由双方办理交接手续，然后双方在交接书签字备案。

凡是有传染病流行的竹鼠饲养场，不准向外提供种鼠。饲养者也不要到疫区引种。

参考文献

1. 冬芒狸驯化与人工养殖技术研究．2000 长沙南马农业科技开发公司，湖南农业大学动物科技学院合编论文集
2. 竹鼠人工养殖技术．1995 湖南省双牌县竹鼠养殖示范场内部资料